15時間でわかる
MySQL
集中講座

株式会社ハートビーツ 馬場俊彰 著

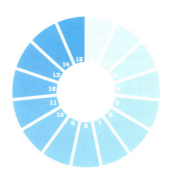

技術評論社

ご注意
ご購入・ご利用の前に必ずお読みください

●本書に記載された内容は、情報の提供のみを目的としています。したがって、本書を用いた運用は、必ずお客様自身の責任と判断によって行ってください。これらの情報の運用の結果について、技術評論社および著者はいかなる責任も負いません。

●本書は、2019年6月現在の情報をもとに執筆し、2019年8月現在の最新バージョンで動作確認を行っています。ソフトウェアはバージョンアップされる場合があり、本書での説明とは機能内容や画面図などが異なってしまうこともあり得ます。本書ご購入の前に、必ずバージョン番号をご確認ください。

●本書の内容および付属DVD-ROMに収録されている内容は、次の環境にて動作確認を行っています。

Windows 10	Windows 10 Home
VirtualBox	VirtualBox 6.0.12
Vagrant	Vagrant 2.2.5
MySQL	MySQL 8.0.16

上記以外の環境をお使いの場合、操作方法、画面図、プログラムの動作などが本書内の表記と異なる場合があります。あらかじめご了承ください。

付属DVD-ROM内のソフトウェアは作成時点の内容を同梱していますが、この時点以降に明らかとなったセキュリティの問題などに対応できていません。最新のソフトウェアを使用することが望ましいですが、その場合は本書通りの動作にならない可能性がありますので、あらかじめご了承ください。

以上の注意事項をご承諾いただいた上で、本書をご利用ください。

●本書のサポート情報は下記のサイトで公開しています。

https://gihyo.jp/book/2019/978-4-297-10632-4/support

※Microsoft、Windowsは、米国Microsoft Corporationの米国およびその他の国における商標または登録商標です。

※Linuxは、米国およびその他の国におけるLinus Torvalds氏の商標または登録商標です。

※CentOSの名称およびそのロゴは、CentOS ltdの商標または登録商標または商標です。

※Oracle VM VirtualBoxは、Oracle Corporation.の登録商標です。

※その他、本文中に記載されている製品の名称は、すべて関係各社の商標または登録商標です。

はじめに

　本書で取り上げたMySQLはPostgreSQLと並びOSS RDBMSの2大巨頭と呼んで差し支えないと思います。リレーショナルデータベース未経験者がいま「まず触る」ならこのどちらかになるでしょう。

　MySQLは執筆時点でバージョン8.0が最新版です。執筆時点のMySQL利用状況としてはまだバージョン5系の採用が大半ですが、ちらほらMySQL 8.0の話が聞こえ始めてきています。

　本書ではMySQL 8.0を切り口としていますが、これからリレーショナルデータベースに触れる方の役に立つよう、基本的な知識も含めやさしく丁寧に解説するよう努めました。

　これからデータベースエンジニアを目指す方、アプリケーション開発でデータベースを利用する方だけでなく、筆者の勤める㈱ハートビーツのようにサーバの構築／監視／管理を生業とする会社のエンジニアの卵にちょうどよい内容だと思います。

　本書を取っかかりにして、まずなんとかMySQLを動かせるようになり、その後は自分が知りたい分野を深堀りしていくとよいでしょう。

　査読にご協力いただいた同僚の滝澤さん(@ttkzw)、廣田さん、宮森さん、ありがとうございました。

　本書は足掛け2年の長期プロジェクトになってしまいました。根気よく支えてくれた妻や子どもたちに大変感謝しています。

　また執筆の機会をいただいた技術評論社の細谷さん、春原さん、原田さんにこの場を借りて御礼申し上げます。

2019年9月

馬場 俊彰

目次

はじめに ——————————————————————————————————— 3

0時間目 MySQL実習環境を準備する 14

0-1	VirtualBoxのインストール ————————————————— 14
0-2	Vagrantのインストール ————————————————————— 20
0-3	仮想マシンの起動 ————————————————————————— 24
0-4	仮想マシンへのログイン —————————————————— 26

Part 1 基礎編 使って覚えるMySQL入門

1時間目 MySQL環境のセットアップ 30

1-1　MySQLをインストール —————————————— **30**
1-1-1　インストール前の準備————————————————————30
1-1-2　MySQLのインストール ————————————————————32
1-1-3　インストール後の起動確認————————————————34

1-2　MySQL起動／停止に関わる基本操作 ———— **37**
1-2-1　インストールされたファイルの確認方法————————37
1-2-2　起動状態の確認方法 ——————————————————————38

1-3　データベースサーバ ———————————————————— **43**
1-3-1　データベースサーバとは ———————————————————43
1-3-2　データベースサーバのハードウェア構成 ——————43

1-4　MySQLというプログラム ——————————————— **44**
1-4-1　mysqlとmysqld ——————————————————————————44
1-4-2　MySQLサーバへの接続手段 ————————————————44

2時間目 MySQLの基礎知識 46

2-1　MySQLの歴史 ———————————————————————— **46**

004

CONTENTS

2-2 RDBMSを理解する 47

2-2-1 DBMSとは 47
2-2-2 RDBMSとは 47
2-2-3 RDBMS以外のDBMS 47
2-2-4 情報システムにおけるDBMSの立ち位置 48

2-3 RDBMSがデータを格納するための構造 48

2-3-1 履歴書データを表に格納した例 49
2-3-2 RDBMSのデータ構造 50

2-4 RDBMSにおけるMySQLの立ち位置 51

2-4-1 2000年代前半のRDBMS事情 51
2-4-2 2000年代半ば以降のRDBMS事情 51
2-4-3 現在のRDBMS事情（2019年） 52

2-5 データベース管理者とは 52

3時間目 SQLの基本 54

3-1 SQLを理解する 54

3-1-1 SQLとは 54
3-1-2 SQLの分類 55
3-1-3 MySQLにおけるSQLのポイント 56

3-2 MySQLで扱うことができるデータ型 61

3-2-1 MySQLの運用にはデータ型への理解が重要 61
3-2-2 MySQLの主なデータ型 61
3-2-3 どのデータ型を指定すればよいか 62

3-3 データ操作の基本 63

3-3-1 CRUDとは 63
3-3-2 データ操作の下準備 64

3-4 SQLでデータを抽出する 67

3-4-1 SELECTの書式 68
3-4-2 すべてのデータを抽出する 68
3-4-3 最初の2件のみ抽出する 69
3-4-4 並び替え条件を変更する 70
3-4-5 特定行のみを抽出する 71
3-4-6 特定列のみを抽出する 73

3-5 データベースを操作する（DDL） 74

3-5-1 データベースの作成（CREATE DATABASE） 74
3-5-2 データベースの変更（ALTER DATABASE） 75
3-5-3 データベースの削除（DROP DATABASE） 75

目次

3-6	テーブルを操作する（DDL）	**76**
3-6-1	テーブルの作成（CREATE TABLE）	76
3-6-2	テーブル定義の変更（ALTER TABLE）	78
3-6-3	テーブルの削除（DROP TABLE）	79

3-7	データを操作する（DML）	**80**
3-7-1	行の作成（CREATE）	80
3-7-2	行の更新（UPDATE）	81
3-7-3	行の削除（DELETE）	83

4 時間目　SQLの実践　　86

4-1	データベースのテーブル設計と正規化	**86**
4-1-1	RDBMSにおける正規化とは	86
4-1-2	外部キー制約（FOREIGN KEY）	88
4-1-3	正規形（正規化の段階）	89

4-2	表を結合する	**89**
4-2-1	内部結合	89
4-2-2	内部結合を試してみよう	90
4-2-3	外部結合	94
4-2-4	外部結合を試してみよう	94
4-2-5	交差結合	96

4-3	集計する	**98**
4-3-1	便利な集約関数たち	98
4-3-2	集計を試してみよう	98

4-4	集約（グルーピング）	**102**
4-4-1	集約とは	102
4-4-2	集約を試してみよう	103

4-5	もっと試してみよう	**105**
4-5-1	テスト用データベースのセットアップ	105
4-5-2	クエリ結果を集計する	108
4-5-3	クエリ結果をもとに絞り込む	110

5 時間目　トランザクションとストレージエンジン　　112

5-1	同時実行制御を理解する	**112**
5-1-1	テーブルロックとは	112
5-1-2	ロック対象を小さくする	113

CONTENTS

5-1-3	ロックする操作を絞る	114
5-1-4	試してみよう	114

5-2 トランザクションを理解する ... 116

5-2-1	トランザクションとは	116
5-2-2	試してみよう	117
5-2-3	トランザクション分離レベル (Transactions Isolation Level)	119

5-3 ストレージエンジンを理解する ... 122

5-3-1	ストレージエンジンとは	122
5-3-2	InnoDBストレージエンジンの特徴	123
5-3-3	InnoDBにおけるストレージの利用	123

6時間目 MySQL運用技術の基礎知識 ... 126

6-1 MySQLの設定ファイル ... 126

6-1-1	/etc/my.cnfとは	126
6-1-2	設定ファイルの操作	127

6-2 システム設定の確認／変更 ... 129

6-2-1	設定の確認方法	129
6-2-2	試してみよう（設定ファイルによる設定変更）	132

6-3 オンラインで設定変更する ... 135

6-3-1	試してみよう（グローバルスコープのシステム変数を変更する）	135
6-3-2	試してみよう（セッションスコープのシステム変数を変更する）	138

6-4 rootパスワードのリセット ... 144

6-4-1	rootパスワードがわからなくなった場合	144
6-4-2	試してみよう	144

6-5 文字化け対策 ... 147

6-6 データを探すときに大事な照合 ... 148

6-6-1	照合とは	148
6-6-2	試してみよう	149

6-7 セキュリティとアクセス権限管理 ... 155

6-7-1	MySQLにおけるセキュリティとは	155
6-7-2	ユーザごとのアクセス権限管理	156
6-7-3	試してみよう	158

6-8 ロールを使ったアクセス権限管理 ... 162

6-8-1	ロールとは	162
6-8-2	試してみよう	162

目次

Part2 運用編 | 現場で役立つMySQL実践テクニック

7時間目 MySQLの状態を読み解く … 168

- 7-1 システムステータスの確認 — 168
- 7-2 接続状況の確認 — 169
- 7-3 テーブルステータスの確認 — 171
- 7-4 InnoDBのステータスの確認 — 174

8時間目 バックアップとリストア … 180

- 8-1 バックアップを理解する — 180
  - 8-1-1 バックアップの目的 — 180
  - 8-1-2 オンラインバックアップとオフラインバックアップ — 181
  - 8-1-3 論理バックアップと物理バックアップ — 183
  - 8-1-4 フルバックアップと増分バックアップ — 184
- 8-2 mysqldumpコマンドによる論理フルバックアップ — 185
  - 8-2-1 すべてのデータベースを対象したバックアップ — 185
  - 8-2-2 特定の1データベースのみ対象としたバックアップ — 185
  - 8-2-3 特定の複数データベースを対象としたバックアップ — 186
  - 8-2-4 mysqldumpコマンドの主なオプション — 186
  - 8-2-5 試してみよう — 187
  - 8-2-6 mysqldumpコマンドでの静止点の作り方 — 189
- 8-3 バイナリログでの増分バックアップ — 191
  - 8-3-1 バイナリログでの増分バックアップとは — 191
  - 8-3-2 試してみよう — 193
- 8-4 バイナリログを利用したロールフォワードリカバリ — 195
  - 8-4-1 ロールフォワードリカバリ — 195
  - 8-4-2 試してみよう — 196

CONTENTS

| 8-5 | バイナリログの削除 | 202 |

| 8-6 | 一番簡単で安全なオフライン物理バックアップ | 204 |

| 8-7 | ファイルシステムスナップショットでの物理バックアップ | 205 |

9 時間目 試して学ぶバイナリログ転送方式レプリケーション　210

| 9-1 | レプリケーションを理解する | 210 |

9-1-1　レプリケーションとは ———— 210
9-1-2　レプリケーション実装方式 ———— 211
9-1-3　伝統的なバイナリログ転送方式でのレプリケーション ——— 213

| 9-2 | バイナリログ転送方式でファイル名／ポジションを利用した非同期レプリケーションの構築 | 215 |

9-2-1　非同期レプリケーションの構築手順 ———— 215
9-2-2　試してみよう ———— 218

| 9-3 | バイナリログ転送方式ファイル名／ポジションを利用した非同期レプリケーションでのマスタ切り替え／昇格／レプリケーション再構築 | 227 |

9-3-1　非同期レプリケーションのトラブルシューティング手順 ——— 227
9-3-2　試してみよう ———— 228

| 9-4 | バイナリログ転送方式でGTIDを利用した非同期レプリケーションの構築 | 232 |

9-4-1　非同期レプリケーションの構築手順 ———— 232
9-4-2　試してみよう ———— 234

| 9-5 | バイナリログ転送方式GTIDを利用した非同期レプリケーションでのマスタ切り替え／昇格／レプリケーション再構築 | 240 |

9-5-1　トラブルシューティングの流れ ———— 240
9-5-2　試してみよう ———— 241

目次

10 時間目 グループレプリケーション　246

10-1　グループレプリケーションとは　246

10-2　グループレプリケーションの構築　249
10-2-1　グループレプリケーションの構築手順　249
10-2-2　試してみよう　251

10-3　グループレプリケーションでのマスタ切り替え／昇格／レプリケーション再構築　263
10-3-1　参照処理／更新処理の接続先を変更する　263
10-3-2　試してみよう　263

11 時間目 チューニングの基礎知識 ～パラメータチューニング　270

11-1　チューニングの考え方　270
11-1-1　チューニングとは　270
11-1-2　MySQLにおけるチューニング　271

11-2　全体的なチューニングの流れ　271

11-3　システムチューニングのための基礎知識　272
11-3-1　アクセス速度を測る指標　272
11-3-2　MySQLのメモリ利用とメモリ／ディスク読み書き最適化　273
11-3-3　サーバのメモリ利用とメモリ／ディスク読み書き最適化　274

11-4　mysqltunerで洗い出し　276

11-5　MySQLのステータス　279
11-5-1　Mackerelのプラグイン　279
11-5-2　クエリ関連の指標　281
11-5-3　接続関連の指標　283
11-5-4　InnoDB関連の指標　284

11-6　パラメータチューニングを実施する際の注意点　287
11-6-1　同じ条件で比較する！　287
11-6-2　じっくり測定する！　288
11-6-3　一度にいろいろやらない！　288
11-6-4　全体に目を配る！　288
11-6-5　オンライン設定変更を活用！でも忘れずに永続化！　289

CONTENTS

12時間目 チューニングの基礎知識 ～インデックス／クエリチューニング 290

12-1 インデックス／クエリチューニングの流れ ── 290
12-1-1　インデックス／クエリチューニングの流れ ── 290
12-1-2　スロークエリログ ── 291
12-1-3　試してみよう ── 291

12-2 スロークエリログの分析 295
12-2-1　試してみよう ── 296

12-3 クエリプロファイリング 296
12-3-1　試してみよう ── 297

12-4 実行計画確認（EXPLAIN） 303
12-4-1　試してみよう ── 304

12-5 インデックスについて 307

12-6 クエリ最適化 309
12-6-1　クエリ最適化きほんのき ── 309
12-6-2　テスト用データベースのセットアップ ── 309
12-6-3　試してみよう ── 311

13時間目 実践的なチューニング ～スケールアウトとスケールアップ 326

13-1 サーバステータスの観測方法 326
13-1-1　dstatコマンドの使い方／読み方 ── 326
13-1-2　試してみよう（dstatコマンド） ── 327
13-1-3　iostatコマンドの使い方／読み方 ── 329
13-1-4　試してみよう（iostatコマンド） ── 330

13-2 OS／システム視点でのチューニングの方法論 332
13-2-1　CPU使用率がボトルネックの場合の対処方法 ── 332
13-2-2　ディスクI/O速度がボトルネックの場合の対処方法 ── 334
13-2-3　ネットワーク帯域がボトルネックの場合の対処方法 ── 338

13-3 定番の性能測定方法（TPC-C） 339
13-3-1　試してみよう ── 341

目次

14時間目 ログ管理とトラブルシューティング　348

14-1　MySQLのログ ———— 348

14-2　一般的なログ運用管理のポイント ———— 349
14-2-1　ローテートする ———— 349
14-2-2　適切な期間保持する ———— 349
14-2-3　確実に削除する ———— 350
14-2-4　適宜圧縮して容量増加を抑止する ———— 350
14-2-5　ログ確認環境を整備する ———— 350

14-3　エラーログの管理 ———— 351

14-4　バイナリログ ———— 354

14-5　リレーログ ———— 355

14-6　スロークエリログ ———— 355

14-7　一般クエリログ ———— 356

14-8　OSのログ ———— 357

14-9　システムの監視とは ———— 358

14-10　サーバの監視とトラブルシューティング ———— 358
14-10-1　ディスク使用率 ———— 358
14-10-2　メモリ使用率 ———— 359
14-10-3　メジャーページフォルト ———— 359
14-10-4　サーバ時刻 ———— 359

14-11　MySQLの監視とトラブルシューティング ———— 360
14-11-1　読み書き可否 ———— 360
14-11-2　レプリケーション状態監視 ———— 360

14-12　システムの測定 ———— 361

15時間目 MySQLの仲間たち、MySQLの周辺ツール／クラウドサービス　362

15-1　MySQLの仲間たち ———— 362
15-1-1　MariaDB ———— 362
15-1-2　Percona Server for MySQL ———— 364

CONTENTS

15-2 定番のMySQL周辺ツール ——— 365
15-2-1　Perconaとは ——— 365
15-2-2　Percona Toolkit ——— 365
15-2-3　Percona Monitoring Plugins ——— 368

15-3 MySQLの管理ツール ——— 368
15-3-1　MySQL Workbench ——— 368
15-3-2　phpMyAdmin ——— 369

15-4 バイナリログ転送方式レプリケーションのマスタ昇格ツール ——— 370
15-4-1　MHA ——— 370
15-4-2　mysqlfailover ——— 370

15-5 MySQL用ロードバランサ ——— 371
15-5-1　MySQL Router ——— 371
15-5-2　MaxScale ——— 371

15-6 アカウント管理 ——— 372
15-6-1　Vault ——— 372

15-7 設定のコード管理 ——— 372
15-7-1　Ansible ——— 372

15-8 クラウドサービス ——— 374
15-8-1　Amazon RDS ——— 374
15-8-2　Amazon Aurora ——— 375
15-8-3　Microsoft Azure：Azure Database for MySQL ——— 375
15-8-4　GCP：Google CloudSQL for MySQL ——— 376

15-9 MySQLに関する情報源 ——— 377
15-9-1　公式ドキュメント ——— 377
15-9-2　日本MySQLユーザ会 ——— 377

付属DVD-ROM／収録ソフトウェアについて ——— 378

サポートページについて ——— 379

索引 ——— 380

0時間目 MySQL実習環境を準備する

本書では、MySQLを扱う際の基礎知識から実践に役立つノウハウまで詰め込んでいます。しっかり学んで、技術者としてレベルアップしましょう。

0時間目は準備編です。まずは実習環境を準備します。その後で、1時間目から15時間にわたりMySQLについて学習していきましょう。

今回のゴール

- VirtualBoxがインストールできる
- Vagrantで仮想サーバを起動できる

　0時間目では、実習環境として利用するVirtualBox（https://www.virtualbox.org/）とVagrant（https://www.vagrantup.com/）を準備します。Windows 10 Homeを例に解説します。

　VirtualBoxはOracleが提供している仮想化ソフトウェアです。仮想化ソフトウェアを使うと利用しているOSの上で別のOSを起動できます。本書の場合はWindowsの上でCentOSを起動し、そのCentOSの上でMySQLを利用します。

　VagrantはHashiCorpが提供しているソフトウェアです。Vagrantを使うと、コマンド1つで定義ファイル（Vagrantfile）をもとにして仮想化環境を利用した動作環境一式を構築／管理できます。

0-1 VirtualBoxのインストール

　VirtualBoxをインストールします。本書付属DVD-ROM収録のものを使うか、VirtualBoxのWebサイトで入手します。付属DVD-ROMには本書執筆時点のバージョン6.0.12を収録しています。

VirtualBoxのWebサイト（https://www.virtualbox.org/）で入手する場合は、トップページの左にあるメニューの「Downloads」をクリックします（図0.1）。

図0.1 VirtualBoxのトップページ

「VirtualBox 6.0.10 platform packages」の中の「Windows hosts」をクリックします（図0.2）。

図0.2 インストーラのダウンロードリンクをクリック

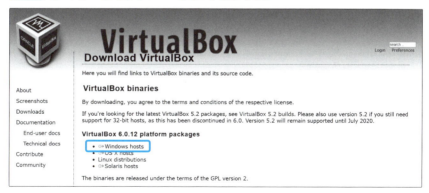

Google Chromeの場合はダウンロードが開始します（図0.3）。ダウンロードが終了したらページの下部にあるダウンロードしたファイルをクリックすると、インストーラが起動します。

図0.3 ファイルのダウンロード

以降は順次表示されるウィザードに従い、「Next>」ボタンを押していってインストールを進めます（図0.4〜図0.5）。

図0.4 セットアップウィザードの開始

図0.5 セットアップする機能の選択

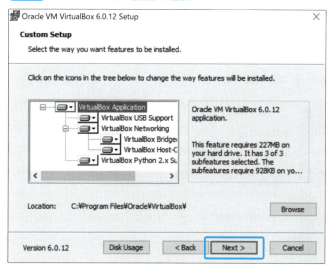

「Create start meny entries（スタートメニューに追加する）」「Create shortcut on the desktop（デスクトップにショートカットを作成する）」「Create shortcut in the Quick Launch Bar（クイックラウンチバーにショートカットを作成する）」「Register file associations（ファイルの関連付けを登録する）」では、必要に応じてチェックを入れて「Next>」ボタンを押してください（**図0.6**）。

図0.6 アイコン作成などの選択

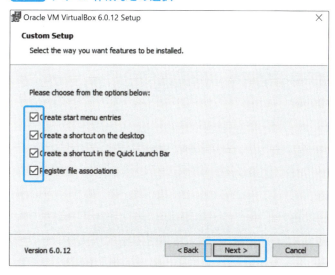

途中で「Warning: Network Interfaces」画面が表示された場合、これは必要なので「Yes」で進んでください（図0.7）。次の画面で「Install」ボタンを押すとインストールが開始します（図0.8）。

図0.7 「Warning」画面

図0.8 インストールの開始

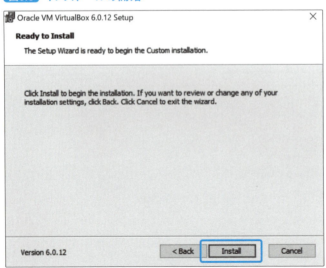

MySQL実習環境を準備する

　最後にインストール完了画面が表示されます（**図0.9**）。「Start Oracle VM VirtualBox 6.0.10 after installation」にチェックが入っていることを確認し、「Finish」ボタンを押すと、VirtualBoxの起動が確認できました（**図0.10**）。これでインストールが完了しました。

図0.9 インストールの完了

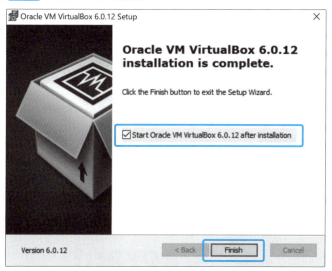

図0.10 VirtualBoxの起動確認

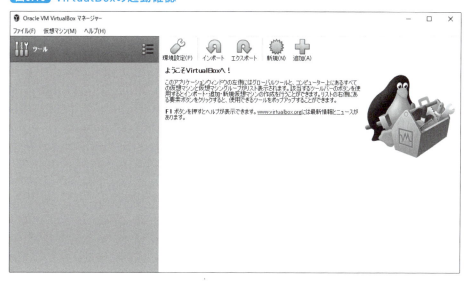

0-2 Vagrantのインストール

　Vagrantをインストールします。本書付属DVD-ROM収録のものを使うか、Vagrantの Webサイトで入手します。付属DVD-ROMには本書執筆時点のバージョン2.2.5が収録されています。

　Vagrantの Webサイト（https://www.vagrantup.com/）で入手する場合は、トップページの「DOWNLOAD x.x.x」をクリックします（図0.11）。

図0.11 Vagrantのトップページ

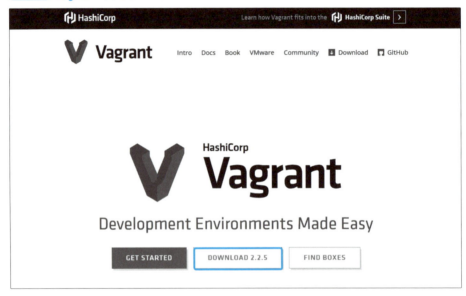

　対応OSの一覧が表示されるので、ご自身に適したファイル（ここではWindowsの64ビット版）をクリックすると、Google Chromeの場合はダウンロードが開始します（図0.12）。ダウンロードが終了したらページの下部にあるダウンロードしたファイルをクリックすると、インストーラが起動します。

MySQL実習環境を準備する

図0.12 インストーラのダウンロード

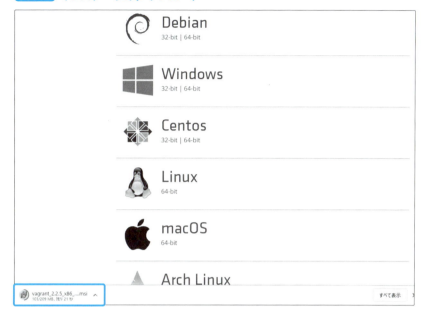

　以降は順次表示されるウィザードに従い、「Next>」ボタンを押していってインストールを進めます（**図0.13**）。ライセンス画面では「I accept the terms in the License Agreement」にチェックを入れ「Next>」ボタンを押します（**図0.14**）。

図0.13 セットアップ開始画面

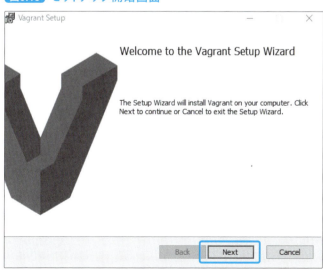

図0.14 セットアップ開始画面

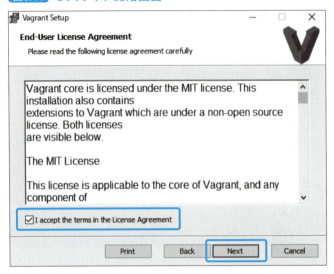

ダウンロード先のフォルダもデフォルトのまま「Next>」ボタンを押して（図0.15）、次の画面で「Install」ボタンを押すとインストールが開始します（図0.16）。

図0.15 セットアップ開始画面

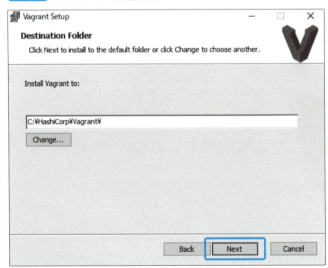

図0.16 セットアップ開始画面

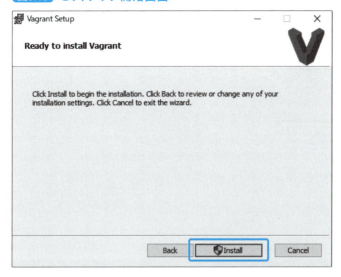

最後にインストール完了画面が表示されます（**図0.17**）。「Finish」ボタンを押すと、再起動について聞かれるので、「Yes」ボタンを押して（**図0.18**）パソコンを再起動します。

図0.17 セットアップ完了画面

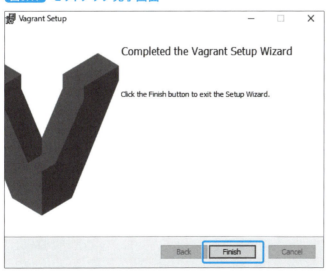

図0.18 再起動確認画面

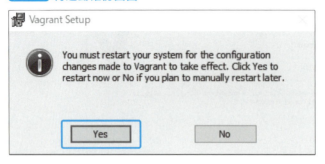

再起動後にコマンドプロンプトでバージョン情報を表示する「vagrant -v」を実行して、Vagrantがインストールできたか確認します。以下のようにバージョンが表示されたらインストールは完了です。

```
C:¥Users¥test>vagrant -v
Vagrant 2.2.5
```

0-3 仮想マシンの起動

VirtualBox＋VagrantですぐにCentOSを起動できるように実習用フォルダを本書付属DVD-ROMに用意しています。以降ではCドライブの直下にcentosフォルダをコピーした場合で解説を進めます（**図0.19**）。

図0.19 centosフォルダをパソコンにコピー

Vagrantの実行には、設定を記述したVagrantfileが必要です。centosフォルダに本書で利用するVagrantfileを用意していますので、コマンドプロンプトで以下のように実行して仮想マシンdb01を起動します。

途中インターフェースの確認を聞かれる場合がありますが、そのまま「はい」を選択してください。

```
C:\Users\test>cd c:\centos
C:\centos>vagrant status
Current machine states:

db01                          not created (virtualbox)    ← 起動していない
db11                          not created (virtualbox)
db12                          not created (virtualbox)
db13                          not created (virtualbox)
略

C:\centos>vagrant up db01
Bringing machine 'db01' up with 'virtualbox' provider...
==> db01: Importing base box 'centos7.box'...
==> db01: Matching MAC address for NAT networking...
==> db01: Setting the name of the VM: centos_db01_1567122076533_16430
==> db01: Clearing any previously set network interfaces...
==> db01: Preparing network interfaces based on configuration...
    db01: Adapter 1: nat
    db01: Adapter 2: hostonly
==> db01: Forwarding ports...
略

C:\centos>vagrant status
Current machine states:

db01                          running (virtualbox) ← 起動している
db11                          not created (virtualbox)
db12                          not created (virtualbox)
db13                          not created (virtualbox)
略
```

付属DVD-ROMのVagrantfileは、サーバを指定しない場合は4台の仮想サーバが起動する設定を記述しています。サーバを指定せず「vagrant up」を実行し、正常に完了した場合は**表0.1**にある設定で仮想サーバが起動しています。

 仮想サーバの設定

仮想サーバ	IPアドレス
db01	192.168.30.10
db11	192.168.30.11
db12	192.168.30.12
db13	192.168.30.13

0-4 仮想マシンへのログイン

仮想サーバを利用するには、Windowsのコマンドプロンプト（Windows 10 Fall Creators Update以降）やTera Term（https://ttssh2.osdn.jp/）などのSSHクライアントを使ってログインする必要があります。

Windows 10 Fall Creators Update以降でSSHがサポートされています。Windowsのコマンドプロンプトで仮想サーバに接続する場合は、以下のように実行します。

```
C:\centos>vagrant ssh db01
Last login: Thu Jun 20 10:40:02 2019 from gateway
Last login: Sat Jun 20 10:40:02 2019 from gateway
[vagrant@db01 ~]$
```

Tera Termの場合は、ホストに「192.168.30.10」、サービスを「SSH」として「OK」ボタンを押します（**図0.20**）。一番最初はセキュリティ警告（**図0.21**）が出る場合がありますが、「続行」ボタンを押してください。

SSH認証画面でユーザ名「vagrant」、パスフレーズ「vagrant」と入力し、「OK」ボタンを押し（**図0.22**）、サーバのプロンプトが表示されれば接続完了です（**図0.23**）。

MySQL実習環境を準備する

図0.20 新しい接続画面

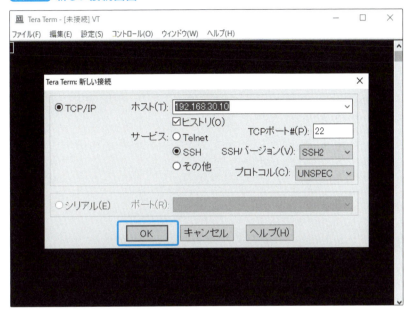

図0.21 セキュリティ警告画面

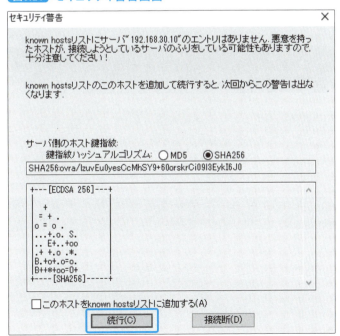

図0.22 SSH認証画面

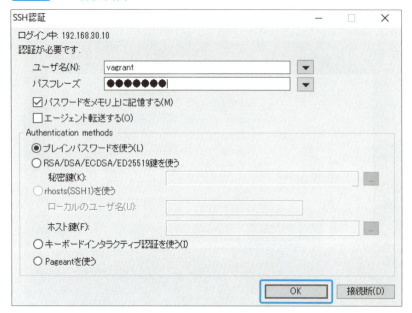

図0.23 仮想サーバへのログイン完了

　これで1時間目以降を学習していく準備が整いました。なお、仮想サーバを終了する場合は、コマンドプロンプトで実習用フォルダ（本書解説ではC:¥centos）に移動し、以下のように「vagrant halt」を実行します。

```
C:¥centos>vagrant halt
```

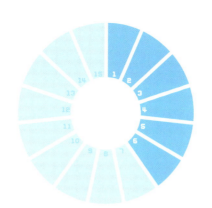

Part 1

基礎編

使って覚える MySQL入門

- **1時間目** MySQL環境のセットアップ ─── 30
- **2時間目** MySQLの基礎知識 ─── 46
- **3時間目** SQLの基本 ─── 54
- **4時間目** SQLの実践 ─── 86
- **5時間目** トランザクションとストレージエンジン ─── 112
- **6時間目** MySQL運用技術の基礎知識 ─── 126

1時間目 MySQL環境のセットアップ

1時間目では、MySQL環境のセットアップを学習します。具体的にはMySQLをインストールし、起動して状態を確認します。またMySQLの起動状態だけでなく、CentOSの稼働状況を知るために、CPUやメモリの利用状況の確認方法を学習します。これから15時間の学習でお世話になる環境ですのできちんと構築しましょう。もしかすると何度も作り直すことになるかもしれないので、セットアップ方法をきちんと身につけましょう。

今回のゴール

- CentOS 7にMySQL 8.0をインストールできる
- MySQLにログインできる

1-1 MySQLのインストール

まずCentOS 7に本書で学習するMySQLのインストールを行っていきましょう。

1-1-1●インストール前の準備

インストールを行う前にいくつか確認しておきます。

本書では、yumコマンドでMySQLのRPMパッケージをインストールします。その際以下のモジュールをインストールします。

- mysql-community-client
- mysql-community-common
- mysql-community-devel
- mysql-community-libs

- mysql-community-libs-compat（OSプレインストールのメールシステムPostfixで必要なライブラリの代替用）
- mysql-community-server

なお公式ドキュメントにもインストール手順が用意されていますので、併せて参照するとよいでしょう。

- MySQL :: MySQL 8.0 Reference Manual :: 2 Installing and Upgrading MySQL
  https://dev.mysql.com/doc/refman/8.0/en/installing.html

MySQLのインストールファイルは、MySQL Community Serverのダウンロードページ（https://dev.mysql.com/downloads/mysql/）から「OS Red Hat Enterprise Linux / Oracle Linux、OSバージョン Red Hat Enterprise Linux 7 / Oracle Linux 7（x86, 64-bit）のRPM Bundle」をダウンロードするか、JAISTなどのミラーサイトからダウンロードします（図1.1）。

インターネットに接続できないなどの理由でダウンロードできない場合は、付属DVD-ROMのmysql-8.0.16-2.el7.x86_64.rpm-bundle.tarを利用してください（図1.2）。

図1.1　インストールファイルのダウンロード（その1）

図1.2　インストールファイルのダウンロード（その2）

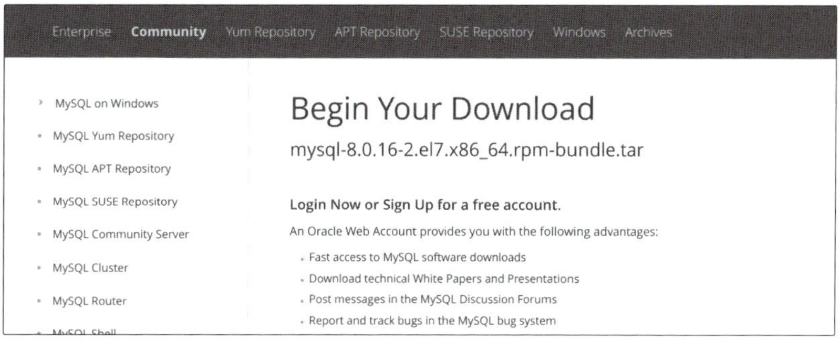

1-1-2 ● MySQLのインストール

　ここでは、RPMパッケージをtar[注1]でまとめたものをMySQLのサイトからダウンロードし、ファイルを展開し、yumコマンドでインストールを行います。
　本書は管理者権限を持つユーザで実行していきます。仮想サーバへのログイン直後は管理者権限がないので、以下のようにパスワード「vagrant」で切り替えてから実行してください。

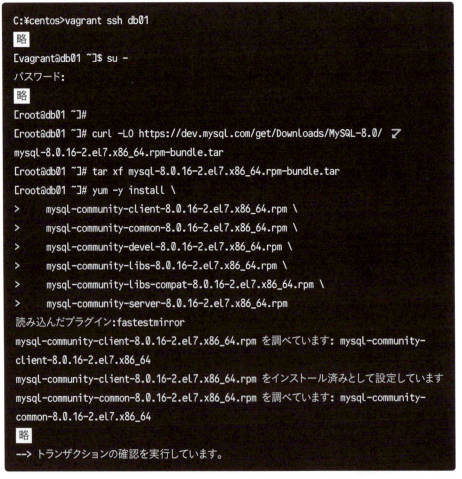

（次ページに続く）

注1）　Linuxなどでよく利用されるファイルアーカイブ形式です。tarコマンドでアーカイブを作成/展開できます。

（前ページの続き）

```
---> パッケージ mariadb-libs.x86_64 1:5.5.60-1.el7_5 を 不要
---> パッケージ mysql-community-client.x86_64 0:8.0.16-2.el7 を インストール
---> パッケージ mysql-community-common.x86_64 0:8.0.16-2.el7 を インストール
---> パッケージ mysql-community-devel.x86_64 0:8.0.16-2.el7 を インストール
---> パッケージ mysql-community-libs.x86_64 0:8.0.16-2.el7 を 非推奨
---> パッケージ mysql-community-libs-compat.x86_64 0:8.0.16-2.el7 を 非推奨
---> パッケージ mysql-community-server.x86_64 0:8.0.16-2.el7 を インストール
--> 依存性解決を終了しました。

依存性を解決しました


================================================================
 Package
        アーキテクチャー
                    バージョン    リポジトリー                          容量
================================================================
インストール中:
 mysql-community-client
        x86_64 8.0.16-2.el7 /mysql-community-client-8.0.16-2.el7.x86_64 143 M
 mysql-community-common
        x86_64 8.0.16-2.el7 /mysql-community-common-8.0.16-2.el7.x86_64 8.0 M
 mysql-community-devel
        x86_64 8.0.16-2.el7 /mysql-community-devel-8.0.16-2.el7.x86_64   34 M
 mysql-community-libs
        x86_64 8.0.16-2.el7 /mysql-community-libs-8.0.16-2.el7.x86_64    14 M
          mariadb-libs.x86_64 1:5.5.60-1.el7_5 を入れ替えます
 mysql-community-libs-compat
        x86_64 8.0.16-2.el7 /mysql-community-libs-compat-8.0.16-2.el7.x86_64
                                                                        9.5 M
          mariadb-libs.x86_64 1:5.5.60-1.el7_5 を入れ替えます
 mysql-community-server
        x86_64 8.0.16-2.el7 /mysql-community-server-8.0.16-2.el7.x86_64 1.8 G

トランザクションの要約
```

（次ページに続く）

（前ページの続き）

```
=============================================================
インストール　6 パッケージ

合計容量: 2.0 G
略
完了しました!
```

1-1-3●インストール後の起動確認

◆起動していないことを確認

　インストールが完了したら起動してみましょう。その前にまだMySQLが起動していないこと（Active: inactive (dead)）を確認します。

```
[root@db01 ~]# systemctl status mysqld
# mysqld.service - MySQL Server
   Loaded: loaded (/usr/lib/systemd/system/mysqld.service; enabled; vendor
preset: disabled)
   Active: inactive (dead)  ← 起動していない
     Docs: man:mysqld(8)
           http://dev.mysql.com/doc/refman/en/using-systemd.html
```

◆起動の確認

　次にMySQLの起動を実行して、起動したこと（Active: active (running)）を確認してみましょう。

```
[root@db01 ~]# systemctl start mysqld
[root@db01 ~]# systemctl status mysqld
● mysqld.service - MySQL Server
   Loaded: loaded (/usr/lib/systemd/system/mysqld.service; enabled; vendor
```

（次ページに続く）

（前ページの続き）

```
preset: disabled)
   Active: active (running) since 木 2019-06-20 10:48:20 JST; 1s ago
     Docs: man:mysqld(8)
           http://dev.mysql.com/doc/refman/en/using-systemd.html
  Process: 6089 ExecStartPre=/usr/bin/mysqld_pre_systemd (code=exited,
status=0/SUCCESS)
 Main PID: 6163 (mysqld)
   Status: "SERVER_OPERATING"
   CGroup: /system.slice/mysqld.service
           └─6163 /usr/sbin/mysqld


6月 20 10:48:14 db01 systemd[1]: Starting MySQL Server...
6月 20 10:48:20 db01 systemd[1]: Started MySQL Server.
```

　rootのパスワードは自動生成されます。MySQLのログに記録されていますので確認します。

```
[root@db01 ~]# grep -i password /var/log/mysqld.log
2019-06-20T01:48:16.584658Z 5 [Note] [MY-010454] [Server] A temporary password
is generated for root@localhost: vq91yTEo;l-F
```

◆ パスワードの変更

　先ほどの実行結果で確認したパスワードでMySQLにログインします。

　ログイン後にパスワードを変更する必要があります。「SET ……」は最後の「;」を忘れずに入力してください。今回は新しいパスワードを「My-new-p@ssw0rd」にしました。

　なおパスワードは以下の要件を満たす必要があります（デフォルトで有効になっているvalidate_passwordプラグインの機能です）。

- 8文字以上の文字列
- 大文字、小文字、数字、記号すべてを含む

```
[root@db01 ~]# mysql --user=root --password
Enter password:
Welcome to the MySQL monitor.  Commands end with ; or \g.
Your MySQL connection id is 8
Server version: 8.0.16

Copyright (c) 2000, 2019, Oracle and/or its affiliates. All rights reserved.

Oracle is a registered trademark of Oracle Corporation and/or its
affiliates. Other names may be trademarks of their respective
owners.

Type 'help;' or '\h' for help. Type '\c' to clear the current input statement.

mysql> SET PASSWORD='My-new-p@ssw0rd';
Query OK, 0 rows affected (0.02 sec)

mysql> exit
Bye
```

　実行後にexitコマンドでいったんシステムからログアウトします。

　再度ログインしてみましょう。新たに設定したパスワード「My-new-p@ssw0rd」
でログインできるはずです。

```
[root@db01 ~]# mysql --user=root --password
略
mysql> exit
```

　確認できたら再びexitコマンドでログアウトしてください。

1-2 MySQL起動／停止に関わる基本操作

　CentOSの基本操作については本書で解説しませんので、別途CentOSに関する書籍などを参照してください。基本操作では、cdコマンド、pwdコマンド、lsコマンド、catコマンド、lessコマンド、tailコマンド、grepコマンド、正規表現、パイプ／リダイレクト、viなどをよく利用します。

1-2-1●インストールされたファイルの確認方法

　「rpm -ql」でインストールしたファイル／ディレクトリの一覧を出力できます。

Note　バージョン番号の読み方／選び方

　MySQLのバージョン番号の読み方は以下のとおりです。

例：mysql-8.0.4-rcの場合
- 8：メジャーバージョン。正の整数でバージョンを表す
- 0：マイナーバージョン。正の整数でメジャーバージョン内のバージョンを表す。メジャーバージョン＋マイナーバージョンで利用可能な機能が概ね把握できる。利用しているバージョンは、メジャーバージョンとマイナーバージョンで伝えるとスムーズ
- 4：パッチレベル。メジャーバージョン、マイナーバージョンの中でbugfixごとに上がる。基本的に一番数字が大きいものを使う。パッチレベルの数字が大きくなっても基本的にbugfix以外の変更はないはずだが、MySQLでは過去にパッチレベルでも機能追加したことがあるので注意
- rc：リリース候補を意味するRC（Release Candidate）。他に開発途上版を意味するDMR（Development Milestone Release）や、一般公開版を意味するGA（General Availability）などがある。DMRやRCは本番環境に利用せず、GAを使うようにすること。なお、GAはほとんどが表記されていない

```
[root@db01 ~]# rpm -ql mysql-community-server
/etc/logrotate.d/mysql
/etc/my.cnf
/etc/my.cnf.d
略
```

　MySQLに関連する主なディレクトリは**表1.1**のとおりです。設定ファイル、設定ファイル配置用ディレクトリ、データの配置用ディレクトリはよく出てきますので、覚えておきましょう。

表1.1 主なMySQL関連ディレクトリ

パス	用途
/etc/logrotate.d/mysql	各種ログファイルのローテーション定義ファイル
/etc/my.cnf	MySQLの基本設定ファイル
/etc/my.cnf.d	MySQLの追加設定ファイルを配置するディレクトリ
/usr/bin/	MySQL利用上必要なツールプログラムを配置するディレクトリ
/usr/lib/systemd/system/mysqld.service	MySQL起動設定ファイル
/usr/lib/systemd/system/mysqld@.service	複数インスタンス同時起動用のMySQL起動設定ファイル
/usr/lib/tmpfiles.d/mysql.conf	一時ファイルの取扱いを制御する設定ファイル
/usr/lib64/mysql/plugin	各種プラグインを配置するディレクトリ
/usr/sbin/mysqld	MySQLサーバプログラム
/usr/share/doc/mysql-community-server-8.0.16	ドキュメントを配置するディレクトリ
/var/lib/mysql	MySQLが生成／格納するデータを配置するディレクトリ
/var/run/mysqld	MySQLが実行時に作成するファイル（PIDファイルなど）を配置するディレクトリ

1-2-2●起動状態の確認方法

◆systemctlコマンドによる起動状態の確認

　MySQLサーバの起動と状況確認にはsystemctlコマンドを使用します。CentOS 7

やUbuntu 18.04など、最近のほとんどのLinuxディストリビューションでは、サーバプログラムの管理にsystemdを利用しています。

systemdの制御はsystemctlコマンドで行います。systemctlコマンドはMySQL専用のコマンドというわけではなく、Linuxディストリビューション上で動作する各種プログラムを制御するものです。

systemctlコマンドには多くのサブコマンドが存在し、これで実行したい機能を指定します。よく使われるサブコマンドは**表1.2**のとおりです。

表1.2 systemctlコマンドのサブコマンド

サブコマンド	用途	利用例
start	対象を起動する	systemctl start mysqld
stop	対象を停止する	systemctl stop mysqld
restart	対象を再起動する	systemctl restart mysqld
status	対象の状態を確認する	systemctl status mysqld
enable	対象の自動起動を有効にする	systemctl enable mysqld
disable	対象の自動起動を無効にする	systemctl disable mysqld
list-unit-files	操作対象の一覧を取得する	systemctl list-unit-files

◆systemctlコマンド以外の起動状態の確認

またsystemctlコマンド以外でも「ps aufxw」を実行すると、以下のように起動状態を確認できます(「aufxw」は順不同)。

```
[root@db01 ~]# ps aufxw
USER       PID %CPU %MEM    VSZ    RSS TTY      STAT START   TIME COMMAND
root         2  0.0  0.0      0      0 ?        S    10:37   0:00 [kthreadd]
root         3  0.0  0.0      0      0 ?        S    10:37   0:00  \_ [ksoftirqd/0]
root         5  0.0  0.0      0      0 ?        S<   10:37   0:00  \_ [kworker/0:0H]
root         7  0.0  0.0      0      0 ?        S    10:37   0:00  \_ [migration/0]
略
mysql     6163  1.4 37.5 1832140 380688 ?      Ssl  10:48   0:02 /usr/sbin/mysqld
```

この実行結果のうち、重要な項目は**表1.3**のとおりです。

表1.3 「ps aufxw」の出力項目

項目	例	説明
USER	mysql	プログラムを起動したユーザ名
PID	6163	プログラムのプロセスID
VSZ	1832140	プログラム（今回はMySQL）がOSに対してメモリ確保を要求したメモリ容量（単位:KB）
RSS	380688	プログラム（今回はMySQL）に対してOSが実際に割り当てているメモリ容量（単位:KB）
STAT	Ssl	プロセスの状態。Dが長時間継続する、Zになる、などのケースは異常を示す
COMMAND	/usr/sbin/mysqld	プログラムの実行コマンド

「ps aufxw」を実行した際にまず確認すべき点は以下のとおりです。

- プログラムが起動していること（＝意図した行が存在すること）
- プロセスの状態に異常がないこと
- メモリ利用状況が意図した状態であること

とはいっても、出力結果を見ただけでは判断がつきにくいかもしれません。筆者の経験上、以下の点を理解してから出力結果を確認すると、その判断がしやすくなりました。

- 「VSZ」と「RSS」の関係の判断は少々難しいが、「VSZ」と「RSS」の値に乖離があること自体は異常ではない
- 「VSZ」をサーバメモリ容量に収める必要はない
- 「メモリ利用量」を確認するときは「RSS」を指標にする
- 「RSS」は同じ設定で稼働するプログラムであっても、稼働状況により値が大きく変動する可能性がある。例えば同じ設定のMySQLが2つ稼働している場合、MySQLの利用のされかた、データの量や内容の特性によって「RSS」の値が大きく異なることがある

◆CPUやメモリ利用状況の確認

CPUやメモリ利用状況はtopコマンドで確認できます。コマンドを実行すると数秒ごとにデータを更新し、その時点の値を表示してくれます。

```
[root@db01 ~]# top
top - 10:57:07 up 19 min,  1 user,  load average: 0.00, 0.04, 0.07
Tasks: 99 total,   1 running,  98 sleeping,   0 stopped,   0 zombie
%Cpu(s):  0.0 us,  0.2 sy,  0.0 ni, 99.8 id,  0.0 wa,  0.0 hi,  0.0 si,  0.0 st
KiB Mem :  1014820 total,    64316 free,   434064 used,   516440 buff/cache
KiB Swap:  1048572 total,  1047796 free,      776 used.   419860 avail Mem

↑ ここまでがOS全体の値
↓ ここからがプロセスごとの値

  PID USER      PR  NI    VIRT    RES    SHR S  %CPU %MEM     TIME+ COMMAND
 6163 mysql     20   0 1832140 380688  15324 S   1.3 37.5   0:06.75 mysqld
略
```

　この結果の上部に表示されているのがOS全体の値、下部がプロセスごとの値です。この実行結果のうち、重要な項目は**表1.4**のとおりです。

表1.4 topコマンドの出力項目

項目	説明
CPU us	usはuserの略。ユーザ領域（カーネル領域でない）でのCPU利用率（プログラムのロジック部分の処理など）
CPU sy	syはsystemの略。カーネル領域でのCPU利用率（メモリ操作など）
CPU ni	niはniceの略。Niceされた分のCPU利用率
CPU id	idはidleの略。アイドル状態のCPU利用率（つまりCPUが空いている）
CPU wa	waはwaitの略。I/O待ちでのCPU利用率
CPU hi	hiはhardware interruptの略。ハードウェア割り込み処理でのCPU利用率
CPU si	siはsoftware interruptの略。ソフトウェア割り込み処理でのCPU利用率
CPU st	stはstealの略。仮想マシンゲストなどにおいてホストに盗まれた（stolen）CPU利用率
Mem total	メモリ容量
Mem free	空きメモリ容量（何にも使っていないメモリ容量）
Mem used	OSや各種プログラムが利用しているメモリ容量
Mem buff/cache	OSがbufferやcacheとして利用しているメモリ容量

Swap total	利用可能なスワップの容量
Swap used	利用しているスワップの容量
avail Mem	利用可能なメモリ容量（free＋すぐに再利用可能なbuff/cache）
VIRT	psのVSZと同じ
RES	psのRSSと同じ

topコマンド実行中に**表1.5**のキーを押すと、表示の並べ替えなどの操作が行えます。

表1.5 topコマンド実行中の操作コマンド

キー	説明
1	CPUの値の表示を切り替える（全コア対象の統計値／コアごとの値）
P	プロセスごとの値の部分をCPU利用量降順に並び替える
M	プロセスごとの値の部分をメモリ利用量降順に並び替える
q	topを終了する

◆buffer／cache／Swapの見方

Linuxでは、ディスクI/Oを効率化するために空きメモリを積極的に利用します。具体的にはディスクから一度読み込んだデータをメモリ上に保持しておき（cache）、ディスク上の変更がなければメモリから読み込みます。またディスクへの書き込みを効率化するためにいったんメモリ上に保持しておき（buffer）、整理してまとめて書き込みます。

これはデータの重要性に関わらずすべてのI/Oに対して実施されるため、起動時に一度読んだら二度と読まないファイルもずっとcacheされたままになります。

bufferやcacheはメモリ需要に応じて自動的に開放されるため、基本的には利用可能だとみてよいです。ただしcacheがうまく効いて効率化に寄与しているケースもあるので、buffer/cacheが0で良いとは言えません。

サーバ管理者の間ではSwapは使ってはならないという風潮もありますが、運用中に利用されないデータがSwapに移動される分には実害はありません。「Swap used」を0に保つ必要はありませんが、どうしても0にしたいのであればSwap領域の確保を止めます。

1-3 データベースサーバ

MySQLはRDBMS（Relational DataBase Management System）と呼ばれるジャンルのソフトウェアです（RDBMSの詳細については2時間目で紹介します）。ここではRDBMSを動作させるサーバ（機器／インスタンス）をデータベースサーバと呼び、データベースサーバがどういうものか、そのハードウェア構成について理解していきます（データベースサーバあるいはDBサーバ、デービーサーバと呼びます）。

1-3-1●データベースサーバとは

RDBMSは、基本的にそれを動かすためだけの専用サーバを用意する（他のサーバとは兼務しない）ことが多いです。

データベースサーバとしてハードウェアやOSを専用で用意してリソースを確保し、ネットワークを介して利用します。そのため、RDBMSを扱うエンジニアは、ネットワークやOS、ハードウェアなど多岐にわたる知識が必要となります。

これらの領域は一般的に低レイヤと呼ばれており、実際にシステムを運用していると、この部分がボトルネックになることが多く見受けられます。またシステムに適したスケールに調整することも簡単ではありません。これは本書を最後まで読み進めると、その理由が実感できると思います。

1-3-2●データベースサーバのハードウェア構成

データベースサーバとして利用するハードウェアの基本的な構成はパソコンと同じだと考えてよいです。筆者は仕事として多くの小規模～中規模のWebシステムを見ていますが、2019年前半時点で、以下のような性能のサーバをよく見かけます。

- コア数6コアのCPUやコア数8コアのCPUを使用したサーバはよく見かけるが、コア数が10コア超えるサーバはほとんど見かけない（ただしシステム特性による）
- メモリ搭載量が64GB～256GBのサーバはよく見かけるが、TB単位のメモリを搭載したサーバはほとんど見かけない
- ディスクは基本的にSSDが多いが、大容量HDD組み合わせ＋RAIDカードや、SSD＋HDDの階層型ストレージなどもある
  - パソコンと同様にサーバでもSSDはI/Oが速く容量単価は高い、HDDはI/Oが遅

く容量単価が安いという前提に変わりない
- HDDを前提としたシーケンシャルアクセス（HDDの中ではランダムアクセスより圧倒的に速い）を活用するための仕組みが所々に組み込まれている
- 数TBのPCI Express接続のSSDを利用することがよくある

1-4 MySQLというプログラム

　2時間目以降でMySQLについて具体的に学習していきますが、ここではMySQLにおける主なプログラムと、それを利用するための手段について理解しておきましょう。

1-4-1 ● mysqlとmysqld

　MySQLのプログラムとしてよく出てくるものとして、「mysql」と「mysqld」の2つがあります。これからMySQLを学習していく前にこれらの違いを押さえておきましょう。
　mysqlは一般的に「MySQLクライアント」と呼ばれ、MySQLサーバに問い合わせなどを行うために用意されたサービスです。
　mysqldが一般的に「MySQLサーバ（またはMySQLデーモン）」と呼ばれ、データの保存や検索などデータベースとしての機能を持ち合わせているプログラムです。MySQLというと、通常このmysqldを指します。

　例：「MySQLの管理経験がある」＝ mysqldの操作／管理の経験がある

1-4-2 ● MySQLサーバへの接続手段

　MySQLサーバ（mysqld）は、デフォルトでUNIXドメインソケットとTCP/IP（3306/TCP）の2種類の方法で接続を待ち受けています。TCP/IPで接続できるため、ネットワークを介して他のサーバやパソコンなどから接続し、MySQLを利用します。
　またプログラム言語ごとに接続ドライバが用意されています。その接続ドライバを利用することで、MySQLクライアントだけでなく、プログラム言語からMySQLサーバに接続して、利用することができます（図1.3）。

図1.3 MySQLクライアントとMySQLサーバの関係

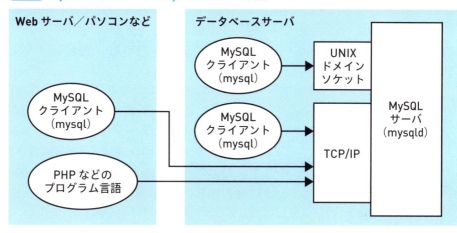

確認テスト

Q1 MySQLを再起動するために実行するコマンドと実行ユーザは何でしょうか。

Q2 MySQLに接続するための2つの方法とはネットワーク経由ともう1つは何でしょうか。

Q3 MySQLにネットワーク経由で接続する際のプロトコルと標準ポートは何でしょうか。

MySQLの基礎知識

2時間目では、MySQL自体の基礎知識を学習します。ソフトウェアプロダクトとしてのMySQLの概要、MySQLがどのようなデータベースマネジメントシステムのソフトウェアなのかを学習した後に、MySQLを活用するための基礎知識としてMySQLはどのようなデータの持ち方をするのか学習します。

今回のゴール

- MySQLの概要を知る
- RDBMSの概要を知る

2-1 MySQLの歴史

　MySQLはmSQLというDBMSを参考に、より高速な実装を目指して開発され、1995年5月23日に最初のバージョンがリリースされました。MySQL ABの共同創設者のMonty Widenius氏の娘さんの名前にちなんでMyの名が付けられました。

　MySQLの開発主体はMySQL ABでしたが、その後Sun MicrosystemsがMySQL ABを買収し、さらにOracleがSun Microsystemsを買収したため、2019年現在の開発主体はOracleとなっています。

　ちなみにMySQLのロゴにはドルフィン（イルカ）が採用され、Sakila（サキラ）という名前がついています（図2.1）。

図2.1 MySQLのロゴ

2-2 RDBMSを理解する

2-2-1 ◉ DBMSとは

　データを束ねる（まとめる）ものをデータベースと呼び、そのデータベースを管理するためのシステムをデータベースマネジメントシステム（DataBase Management System）と呼びます。一般的にはDBMSという略称で呼ばれているため、本書でもDBMSを使用します。

　データベースの管理と言っても大変豊富な機能があります。その中で主な機能を以下に挙げています。

- データの取り出し
- データの検索
- データの変更
- データの削除
- データへのアクセスのための認証（その接続情報の申請が真に本人であるか）
- データの保全（改竄防止、経年劣化変質抑止など）

　DBMSがこれらのことを行うことによって、データベースとして成立しているのです。

2-2-2 ◉ RDBMSとは

　本書で学習するMySQLは、DBMSの中でもRDBMS（Relational DataBase Management System）という種類に属するデータベースです。このRDBMSは、関係モデル（リレーショナルモデル）にもとづいて設計されたデータベースです。そのデータ構造などの特徴については2-4で解説します。

2-2-3 ◉ RDBMS以外のDBMS

　RDBMS以外にもDBMSには多くの種類があります。例えばMemcachedやRedisなどのデータの識別子（キー）と値（バリュー）を取り扱うKVS（キーバリューストア）、CassandraやHBaseなどの列指向DBMS、MongoDBなどのドキュメント指向DBMSなどが有名です。ここではそのようなDBMSもあることだけを理解しておき

ましょう。

RDBMSはSQL（3時間目参照）を利用してデータを取り扱うという特徴があります。DBMS普及の過程において、RDBMSの存在感が強くなりすぎた背景などから、KVSなどRDBMS以外のDBMSをNoSQL DBMSと呼ぶこともあります。

2-2-4 ● 情報システムにおけるDBMSの立ち位置

情報システムにとってデータは命です。基本的に情報システムの目的とは、データを収集し利活用することです。この目的を達成するにはデータを安全に保管し、迅速かつ正確に取り出せる必要があります。

ちなみにデータを不揮発性ストレージ（電源が切れてもデータが消失しないストレージ）に保存することを俗に「永続化する」と言います。情報システムはRASIS（ラシスもしくはレイシス）を軸に評価するのが定番です。RASISとは、以下の5つを合わせた総称です。

- Reliability（信頼性）
- Availability（可用性）
- Serviceability（保守性）
- Integrity（保全性）
- Security（機密性）

情報システムがRASISの要求を満たすには、まずDBMSがRASISの要求を満たしている必要があります。データの部分でRASISを満たしていないと、たとえその他が満たしていてもすべてがだめになりますし、DBMSを評価する場合はこれが重要な指標になります。

2-3　RDBMSがデータを格納するための構造

RDBMSのデータ構造は非常に重要です。これを理解するために履歴書の例で見ていきましょう。

2-3-1●履歴書データを表に格納した例

履歴書には、氏名や住所、メールアドレスなど、特定の人に関する個人情報データが記載されています（図2.2）。

図2.2 履歴書の例

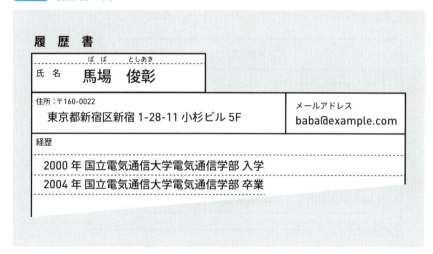

RDBMSでは、データを表（テーブル）の構造で管理します。表の縦軸にあたる行（Row＝ロー）はデータ、横軸にあたる列（Column＝カラム）が各項目を示します。
1枚の履歴書のデータを表構造で横一列に並べたイメージが図2.3となります。

図2.3 履歴書のデータを表に格納した例

氏名	メールアドレス	住所	経歴
馬場俊彰	baba@example.com	〒160-0022 東京都新宿区新宿 1-28-11 小杉ビル 5F	2000 年 国立電気通信大学 電気通信学部 入学 2004 年 国立電気通信大学 電気通信学部 卒業
…	…	…	…

2-3-2 ● RDBMSのデータ構造

MySQLをはじめとするRDBMSでは、複数の表をまとめてデータベースという単位で管理します（**図2.4**）。また多くのRDMBSでは、1つのインスタンス（MySQLサーバのプロセス）で複数のデータベースを持つことも可能です。

図2.4 複数の表をまとめてデータベースとして管理

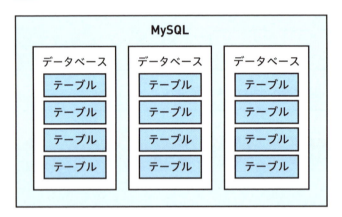

ここでは、MySQLなどのRDBMSのデータ構造について、以下のポイントを押さえておきましょう。

- 1つのサーバにMySQLインスタンスを複数起動できる
- 1つのMySQLインスタンスの中にデータベースを複数持てる
- 1つのデータベースの中に表（テーブル）を複数持てる
- 1つの表（テーブル）は行（ロー）と列（カラム）で構成される
  - 図2.3では列が4つ
  - 表を定義する場合は列ごとにデータ型を指定する

MySQLにおける表の例は**表2.1**です。見出し行にある()内はデータ型を示します。

表2.1 MySQLの表の例

ID（整数）	ニックネーム（文字列）	メールアドレス（文字列）	誕生日（日付）
1	yamada	yamada@example.com	1980/2/3
2	tanaka	tanaka@example.com	1974/3/1

RDBMSの大きな特徴として、ある表のある列と、別の表のある列を紐付けて関係性を持たせることができます。

筆者はRDBMSを日常的に業務で利用していますが、周りとの会話でDB（デービー）、データベース、テーブル、行、列などの用語を頻繁に使用しています。

2-4 RDBMSにおけるMySQLの立ち位置

2019年現在、RDBMSの主なデータベース製品は以下のとおりです。

- Oracle（Oracle）
- SQL Server（Microsoft）
- Db2（IBM）
- PostgreSQL（OSS）
- MySQL（OSS）

2-4-1●2000年代前半のRDBMS事情

2000年代前半まではOracleが非常に強く、RDBMSの代名詞のような存在感がありました。またSQL ServerやDB2はそれぞれのベンダーの製品を採用したシステムにおいて、セットで導入されることが多かった印象です。

OSS（Open Source Software）の製品については、現在ほど活発に利用されていませんでした。当時はRDBMSとして手堅く機能を実現しているPostgreSQLと、カジュアル路線のMySQLというような雰囲気で棲み分けていました。

2-4-2●2000年代半ば以降のRDBMS事情

2000年代半ば以降、はてな、ライブドア、DeNAなど大規模WebサービスでのMySQL利用事例が多数公開され、またインターネットやLinuxの普及とともにOSSが広く受け入れられてきたこともあり、OSSのRDBMS、特にMySQLの採用事例が爆発的に増えました。

この頃からWebサービスを中心にOracleなどの商用RDBMSを採用するケースが以前よりも減った印象を持っています。

その後日本においてはMySQLが圧倒的なシェアを獲得しましたが、海外では

MySQLと共にPostgreSQLもシェアを伸ばしていました。

2-4-3●現在のRDBMS事情（2019年）

2019年現在は、商用RDBMSの利用ありきのシステム以外は基本的にOSS RDBMSを採用し、商用RDBMSを選ぶ明確な理由がある場合にのみ、商用RDBMSを検討することが多い印象です。

またMySQLとPostgreSQLのOSS RDBMSはどちらも開発が続けられ、機能や特性が以前よりも近づいています。お互いのよい点を取り込みあいながら成長し、競争が激化していると言ってよいでしょう。

最新のMySQL 8.0は、Linuxの各ディストリビューション（Oracle Linux、Red Hat Enterprise Linux、CentOS、Ubuntu、SUSE Enterprise Linux、Debian GNU/Linux）だけでなく、Micorosft Windows ServerやMicorosft Windows、macOS、FreeBSDなど数多くのプラットフォームで稼働します。

- MySQL :: Supported Platforms: MySQL Database
  https://www.mysql.com/support/supportedplatforms/database.html

---

2-5 データベース管理者とは

データベース管理者はDBA（DataBase Administrator）とも呼ばれます。システムで稼働しているデータベース全般について責任を持ち、最大限の成果を生み出すために置かれる職種です。

データベースそのものの機能／性能／セキュリティ／可用性／完全性／拡張性などについてはもちろんのこと、システム全体の中でのデータベースの上手な利用方法や安全な利用方法の啓蒙／教育やレビューなども、DBAにとっての重要な仕事です。

DBAは職務として、データベースに関連するすべての事柄について設計／構築／運用など長期に渡り面倒を見る必要があります。日本では専任のDBAを置かず、他の業務との兼務で済まされることが多いようですが、アメリカでは一般的な職種として多くの人が従事しています。

Part 1
使って覚えるMySQL入門
基礎編

確認テスト

● 次の ☐ 内に入る言葉を入れてください。

Q1 1つの MySQL インスタンスには複数の ☐1☐ が格納でき、1つの ☐1☐ には複数の ☐2☐ が格納できる。

Q2 ☐2☐ は ☐3☐ と ☐4☐ で構成される。データの定義それぞれが ☐3☐ で、1つのデータの塊は1つの ☐4☐ となる。

Q3 MySQL と双璧をなす有名な OSS RDBMS は何でしょうか。

3時間目 SQLの基本

3時間目では、RDBMSを扱うために必要な言語、SQLの基礎について学習します。MySQLをマスターするために欠かせない知識ですので、まずは基礎から着実に習得してください。

今回のゴール

- SQLによるMySQL操作の基本を知る
- SQLを用いてデータベーステーブルを作成／更新／削除できる
- SQLを用いてデータを抽出／作成／変更／削除できる

3-1 SQLを理解する

まずSQLとは何かを確認しておきましょう。

3-1-1 ● SQLとは

リスト3.1のようなプログラムを一度は見たことがあるのではないでしょうか。これがSQLです。

リスト3.1 SQLの例

```
SELECT name, email FROM users;
```

SQLは、MySQLなどのRDBMSにおいて、データの操作を行ったり、データの定義を行うために使用する言語です。つまりRDBMS本体を操作したり、RDBMSに

あるデータを取り扱うためのものです。

通常「エスキューエル」と読みますが、「シークェル」と読む人もまれに存在します（同様にMySQLを「マイエスキューエル」と呼ぶ人が多いですが、「マイシークェル」と呼ぶ人もまれにいます）。

SQLには、ISO（国際標準化機構、International Organization for Standardization）で標準化された規格があります（SQL99、SQL:2011など）。その規格化されたSQLをマスターしておけば大丈夫のように思えますが、現実は異なります。

RDBMS製品によって「方言」のようなものが存在し、すべての製品で同じSQLを使用できるわけではありません。各製品ごとの独自機能などを理解しておく必要が出てきます。

MySQLにも独自機能は存在します。本書では解説しませんので、詳しくは公式ドキュメントを見てください。

- MySQL :: MySQL 8.0 Reference Manual :: 1.8.1 MySQL Extensions to Standard SQL
  https://dev.mysql.com/doc/refman/8.0/en/extensions-to-ansi.html

3-1-2●SQLの分類

SQLはJavaやPython、Ruby、Goなどの手続き型プログラム言語と異なり、関係代数に基づいた論理演算を宣言的に記述します。SQLは大きく以下の3つに分類できます。

- データ操作言語（DML）
- データ定義言語（DDL）
- データ制御言語（DCL）

◆データ操作言語（DML）

データ操作言語（DML：Data Manipulation Language）は、データベースに格納されているデータの挿入、更新、削除などの操作を行う際に実行するSQL文（Statement）のセットです。主なものとしてINSERT／UPDATE／DELETE／SELECT …… FOR UPDATEなどがあります。

データベース開発者、データベース管理者ともに非常によく使用するSQL文ですので、きちんと押さえておきましょう。

https://dev.mysql.com/doc/refman/8.0/en/glossary.html#glos_dml

◆データ定義言語（DDL）

データ定義言語（DDL：Data Definition Language）は、個々のテーブル行ではなくデータベース自体を操作するためのSQL文のセットです。主なものとしてCREATE／ALTER／DROP／TRUNCATEなどがあります。

データベース開発者、データベース管理者ともにまれに使用するSQL文です。

https://dev.mysql.com/doc/refman/8.0/en/glossary.html#glos_ddl

◆データ制御言語（DCL）

データ制御言語（DCL：Data Control Language）は、権限を管理するためのSQL文です。主なものとしてGRANT／REVOKEなどがあります。

データベース開発者が使用することはほとんどありません。データベース管理者がまれに使用するSQL文です。

https://dev.mysql.com/doc/refman/8.0/en/glossary.html#glos_dcl

◆その他のSQL文

先ほど紹介した3つの分類の他に、データベース管理などのためにさまざまなSQL文が実装されています。主なものとしてUSE／DESCRIBE／SET／SHOW／FLUSH／EXPLAINなどがあります。

https://dev.mysql.com/doc/refman/8.0/en/sql-syntax.html

3-1-3●MySQLにおけるSQLのポイント

◆MySQLのSQL設定

MySQLでは、SQLをどのように扱うか設定で変更できます。sql_mode変数によって細かい挙動の設定も変更できますが、MySQLに慣れない間はデフォルトのまま使うようにしましょう。

デフォルトの設定はバージョンによって異なり、MySQL 8.0.16のデフォルトは以下のとおりです。本書でもデフォルトで話を進めていきますので、細かい設定がいろいろあるということは覚えておいてください。

Part 1 基礎編

使って覚えるMySQL入門

- ONLY_FULL_GROUP_BY
- STRICT_TRANS_TABLES
- NO_ZERO_IN_DATE
- NO_ZERO_DATE
- ERROR_FOR_DIVISION_BY_ZERO
- NO_ENGINE_SUBSTITUTION

◆SQLの終了記号

SQLを終了させる場合は「;」を使用します。見た目上改行していても、「;」を記述しなければ終了したことになりません。

長いSQLは、改行とインデントを使ってSQLを書くと見やすくなります。例えば**リスト3.2**と**リスト3.3**は同じ意味のSQLです。

リスト3.2 SQLの例（その1）

```
SELECT name, email FROM users;
```

リスト3.3 SQLの例（その2）

```
SELECT
    name,
    email
FROM
    users
;
```

MySQLでは「\G」も終了記号です。「;」の場合は縦軸行／横軸列で表示上の1行がデータ的な1行を表しますが、「\G」の場合は「列名：値」が縦軸にすべて並びます。「;」では横幅が長すぎて見づらい場合は「\G」を使ってみましょう。

057

```
mysql> SELECT Host, User, password_last_changed FROM mysql.user;
+-----------+------------------+-----------------------+
| Host      | User             | password_last_changed |
+-----------+------------------+-----------------------+
| localhost | mysql.infoschema | 2019-06-20 10:48:17   |
| localhost | mysql.session    | 2019-06-20 10:48:17   |
| localhost | mysql.sys        | 2019-06-20 10:48:17   |
| localhost | root             | 2019-06-20 10:49:29   |
+-----------+------------------+-----------------------+
4 rows in set (0.00 sec)

mysql> SELECT Host, User, password_last_changed FROM mysql.user\G
*************************** 1. row ***************************
               Host: localhost
               User: mysql.infoschema
password_last_changed: 2019-06-20 10:48:17
*************************** 2. row ***************************
               Host: localhost
               User: mysql.session
password_last_changed: 2019-06-20 10:48:17
*************************** 3. row ***************************
               Host: localhost
               User: mysql.sys
password_last_changed: 2019-06-20 10:48:17
*************************** 4. row ***************************
               Host: localhost
               User: root
password_last_changed: 2019-06-20 10:49:29
4 rows in set (0.01 sec)
```

Part 1 使って覚えるMySQL入門　基礎編

◆SQLとMySQLコマンド

mysqlコマンドでMySQLに接続して操作するとき、mysqlコマンド自身が解釈するコマンド（mysqlコマンドに対する命令）とSQLを同じように実行できます。

mysqlコマンドで helpコマンドを実行すると、利用可能なコマンドの一覧が表示されます。

```
mysql> help

For information about MySQL products and services, visit:
   http://www.mysql.com/
For developer information, including the MySQL Reference Manual, visit:
   http://dev.mysql.com/
To buy MySQL Enterprise support, training, or other products, visit:
   https://shop.mysql.com/


List of all MySQL commands:
Note that all text commands must be first on line and end with ';'
?         (\?) Synonym for 'help'.
clear     (\c) Clear the current input statement.
connect   (\r) Reconnect to the server. Optional arguments are db and host.
delimiter (\d) Set statement delimiter.
edit      (\e) Edit command with $EDITOR.
ego       (\G) Send command to mysql server, display result vertically.
exit      (\q) Exit mysql. Same as quit.
go        (\g) Send command to mysql server.
help      (\h) Display this help.
nopager   (\n) Disable pager, print to stdout.
notee     (\t) Don't write into outfile.
pager     (\P) Set PAGER [to_pager]. Print the query results via PAGER.
print     (\p) Print current command.
prompt    (\R) Change your mysql prompt.
quit      (\q) Quit mysql.
```

（次ページに続く）

059

（前ページの続き）

```
rehash        (\#) Rebuild completion hash.
source        (\.) Execute an SQL script file. Takes a file name as an argument.
status        (\s) Get status information from the server.
system        (\!) Execute a system shell command.
tee           (\T) Set outfile [to_outfile]. Append everything into given outfile.
use           (\u) Use another database. Takes database name as argument.
charset       (\C) Switch to another charset. Might be needed for processing
binlog with multi-byte charsets.
warnings  (\W) Show warnings after every statement.
nowarning (\w) Don't show warnings after every statement.
resetconnection(\x) Clean session context.


For server side help, type 'help contents'
```

　これらのコマンドの終了記号は「;」や「\G」ではありません。例えばsourceは「source xxx;」ではなく「source xxx」です。またsourceを「SOURCE」と大文字で書いても動作に問題はありません。なおuseはSQLとしても定義されています。

◆大文字と小文字の区別

　MySQLにおいてデータベース名、テーブル名などの大文字／小文字の区別は、OSのファイルシステムの大文字／小文字の区別に依存します。例えば、ほとんどのUnix／Linuxでは大文字／小文字を区別しますが、Windowsと一部のMacOS（HFS＋ファイルシステム）では大文字／小文字を区別しません。

　とはいえ、コンピュータ利用全般に通じる話ですが、大文字／小文字、全角／半角は区別されるものとして普段から意識して正確に記述するようにしましょう。

3-2 MySQLで扱うことができるデータ型

データベースを扱う上でデータ型はとても重要です。データ型をうまく利用することで、データ量や検索速度を適切に保ちやすくなります。

3-2-1 ● MySQLの運用にはデータ型への理解が重要

プログラミング経験がないと実感しづらいかもしれませんが、RDBMSを運用する上でデータ型を意識することは避けて通れませんので、必ず覚えるようにしてください。

データ型はテーブルを定義するDDLで指定します。またDMLでデータを操作する場合もデータ型を意識する必要があります。

3-2-2 ● MySQLの主なデータ型

よく使うデータ型は**表3.1**のとおりです。データ長が指定できる型の場合、()内に長さを指定します。[]内は省略可能です（指定する際には記載しません。例えば普通の大きさの整数値はINT、INT(3)、INT UNSIGNEDのように指定します）。

表3.1 MySQLの主なデータ型

型名	意味	値
BOOL	真偽値	FALSE(0)またはTRUE(0以外)。TINYINT(1)と同義
INT[(M)] [UNSIGNED]	普通の大きさの整数値	-2147483648〜2147483647。UNSIGNEDの場合は0〜4294967295
BIGINT[(M)] [UNSIGNED]	大きな整数値	-9223372036854775808〜9223372036854775807。UNSIGNEDの場合は0〜18446744073709551615
DECIMAL[(M[,D])] [UNSIGNED]	正確な数値	総桁数(M)と、小数部の桁数(D)を指定する
DOUBLE[(M,D)] [UNSIGNED]	少数	-1.7976931348623157E+308〜-2.2250738585072014E-308、0、2.2250738585072014E-308〜1.7976931348623157E+308
DATE	日付（年月日）	YYYY-MM-DD (1000-01-01〜9999-12-31)

（次ページに続く）

3 時間目 | SQLの基本

（前ページの続き）

TIME	時刻（時分秒）	HH:MM:SS（-838:59:59.000000 ～ 838:59:59.000000）
DATETIME	日付（年月日時分秒）	YYYY-MM-DD HH:MM:SS（1000-01-01 00:00:00.000000 ～ 9999-12-31 23:59:59.999999）
TIMESTAMP	UNIXTIME（1970-01-01 00:00:00 UTC からの経過秒数）	1970-01-01 00:00:00 UTC ～ 2038-01-19 03:14:07.999999 UTC
CHAR[(M)]	文字列（固定長）	0～255文字の文字列
VARCHAR[(M)]	文字列（可変長）	0～65535バイトの文字列（型指定での()内数値は文字数。なお上限値の65535バイトは1行のVARCHAR型の列の長さの合算値）
TEXT[(M)]	とても長い文字列	0～65535文字の文字列
BLOB[(M)]	バイナリデータ	0～65535バイトのバイナリデータ

3-2-3●どのデータ型を指定すればよいか

　表3.1に挙げたものの変化形として、短いTINY～（例：TINYINT）や、長いLONG～（例：LONGTEXTやLONGBLOB）などがあります。その他にJSON型や、地理系のGEOMETRYやPOINTなどもあります。

　なおデータ型によってSQLでの記載方法が異なります。例えばCHARなどの文字列型は、「'」か「"」で囲いますが、INTなどの数値型は囲いません。なお囲った文字と同じ文字を文字列に含めたい場合は、2連続で記載することで対応できます。「'」で囲った文字列中に「'it''s mine'」は「it's mine」となります。詳しくはMySQLの公式ドキュメントを参照してください。

- **数値**：https://dev.mysql.com/doc/refman/8.0/en/integer-types.html
- **日時**：https://dev.mysql.com/doc/refman/8.0/en/date-and-time-type-overview.html
- **文字列**：https://dev.mysql.com/doc/refman/8.0/en/string-type-overview.html

　慣れない間はどのデータ型にすればよいか悩みがちです。基本的な考え方として想定されるデータを格納できる範囲の最小桁数にすることで、データの利用量を最適化し、適切な処理性能を引き出しやすくなります。

　ただし、最初のうちはそれほど気にしなくてもよいでしょう。最初から避けるべきなのは文字列型の乱用です。例えば日付や日時に文字列型を使うのは最初から避ける

べき用法です。

　最初のうちは文字列については基本的にVARCHAR、長さが予測できない大きな文字列を格納する場合はTEXT、日付／日時はDATETIMEを指定しておくと無難です。

　なお、値の範囲や桁数を越えた値を保存しようとすると、以下のようなエラーが出力されデータを格納できません。

```
数値型の num 列に、許容範囲外の値を投入しようとした場合
例: UNSIGNED INT の列にマイナスの値を投入

ERROR 1264 (22003): Out of range value for column 'num' at row 1
```

```
文字列型の str 列に、最大長を越える長さの文字列を投入しようとした場合
例: VARCHAR(10) の列に11文字の値を投入

ERROR 1406 (22001): Data too long for column 'str' at row 1
```

　なおRDBMSでは「値がない状態」を示すためにNULLを使います。例えば文字列の場合、"abc"であれば「abc」という値がある状態、""であれば空の文字列（長さ0の文字列）があるという状態で、NULLであれば値がないという状態です。

Note　日常生活におけるNULL

トイレットペーパーを文字列とすると、「トイレットペーパーの芯だけある状態＝空文字列」、「トイレットペーパーの芯もない状態 = NULL」とたとえるとわかりやすいでしょう。

 3-3　データ操作の基本

ここでは、実際にSQLを記述する前に押さえておくべき事項について確認します。

3-3-1●CRUDとは

個々の「データ」について考えた場合、データに対する操作は以下の4種類に大きく

分けられます。

- CREATE：生成
- READ　：読み取り
- UPDATE：更新
- DELETE：削除

これらをまとめてCRUDと呼びます。単にRDBMSを触るときに必要というだけでなく、システム設計においてデータに対する処理をどう設計するかの漏れ確認などでも使います。

> **Note　データが更新できないデータベース**
>
> 　DBMSの中には、データに対してUPDATEをしない（できない）ものも存在します。
> 　UPDATEを不可能にすることで、同時実行性能の向上を図ったりしています。さらにUPDATEとDELETEが不可能であれば履歴が完全に残りますので、一度保存されたデータを後から改ざんできなくするためにそのようにしている場合もあります。
> 　身近な例でいうと、クレジットカード明細のデータベースがあります。クレジットカードでは一度発生した取引をキャンセルした場合、その明細を削除するのではなく、同額のマイナス請求を新たに発生させて、差し引き0にしています。

3-3-2 ● データ操作の下準備

　これから実際にデータ操作を行うにあたって、使用するデータベースを用意しておきます。

　今回はterm03dbというデータベースを作成し、その中にstationsとstation_rankingというテーブルを作成するSQLをサンプルに用意しました。データはJR東日本の「各駅の乗車人員」統計をもとにしています。

- 各駅の乗車人員 2015年度 ベスト100：JR東日本
  https://www.jreast.co.jp/passenger/2015.html

・各駅の乗車人員 2016年度 ベスト100：JR東日本
https://www.jreast.co.jp/passenger/2016.html

　mysqlコマンドでテストデータを投入します。なお、すでにデータベースがある場合は削除します。データベースを削除すると、そのデータベース内のテーブルや行などのデータは削除されます。

```
[root@db01]# cd /vagrant
[root@db01]# mysql --user=root --password < term03.sql
```

　データが投入できたかどうか確認します。以下のようにデータベースに接続します。

```
[root@db01]# mysql --user=root --password
```

　RDBMSでは、1つのMySQLインスタンスに複数のデータベースを保持でき、1つのデータベースには複数のテーブルを保持できます。
　というわけで一番大きい単位のデータベースの一覧を見てみます。「SHOW DATABASES」でデータベースの一覧を表示できます。

```
mysql> SHOW DATABASES;
+--------------------+
| Database           |
+--------------------+
| information_schema |
| mysql              |
| performance_schema |
| sys                |
| term03db           |
+--------------------+
5 rows in set (0.01 sec)
```

次に「USE」で操作対象のデータベースを指定します。

```
mysql> USE term03db;
Reading table information for completion of table and column names
You can turn off this feature to get a quicker startup with -A


Database changed
```

テーブルの一覧を表示するには、「SHOW TABLES」を実行します。

```
mysql> SHOW TABLES;
+-------------------+
| Tables_in_term03db |
+-------------------+
| station_ranking   |
| stations          |
+-------------------+
2 rows in set (0.00 sec)
```

「DESCRIBE」でテーブルの列定義を確認できます。このテーブルのうちFieldは列名、Typeはデータ型です。その他の列については後述します。

```
mysql> DESCRIBE station_ranking;
+------------+-------------+------+-----+---------+-------+
| Field      | Type        | Null | Key | Default | Extra |
+------------+-------------+------+-----+---------+-------+
| id         | int(11)     | NO   | PRI | NULL    |       |
| year       | int(11)     | YES  |     | NULL    |       |
| ranking    | int(11)     | YES  |     | NULL    |       |
| roman_name | varchar(20) | YES  |     | NULL    |       |
| daily_user | int(11)     | YES  |     | NULL    |       |
```

（次ページに続く）

（前ページの続き）

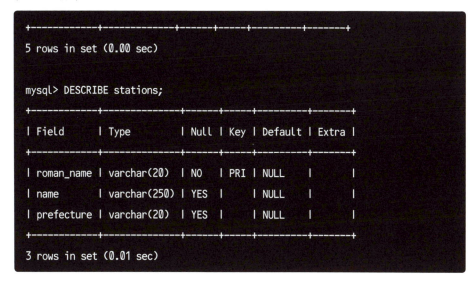

今回投入したデータは**表3.2**、**表3.3**のとおりです。

表3.2 投入データ（その1、station_ranking）

id	year	ranking	roman_name	daily_user
1	2015	1	shinjyuku	760043
2	2015	2	ikebukuro	556780
以下略				

表3.3 投入データ（その2、stations）

roman_name	name	prefecture
akabane	赤羽	東京
akihabara	秋葉原	東京
以下略		

3-4　SQLでデータを抽出する

ここでは、SQLでデータを抽出する基本を学習します。実行する前にデータベー

スに接続してください。

```
[root@db01]# mysql --user=root --password
```

次に先ほどのデータを投入したデータベースを選択します。

```
mysql> USE term03db;
```

3-4-1●SELECTの書式

データを抽出する場合はSELECTを使用します。SELECTの基本構文は以下のとおりです（**表3.4**）。厳密には他にもいろいろとありますが、まずはここから始めましょう。

書式

> SELECT *対象列* FROM *テーブル名 絞り込み条件 並べ替え条件 その他条件*

表3.4 SELECTの指定要素

項目	値
対象列	すべての場合は「*」。対象を指定する場合は列名を「,」区切りで記述する
テーブル名	station_ranking や stations などのテーブルの名前
絞り込み条件	なしの場合は指定しない。詳しくは特定行のみを抽出するWHERE（3-4-5）を参照
並べ替え条件	列名を記述する。昇順であれば列名に続き半角スペースを空けてASC、降順であればDESC
その他条件	その他に最初のN件だけ出すLIMIT、N件目から出すOFFSETなどがある

3-4-2●すべてのデータを抽出する

テーブル内のデータをすべて抽出する場合は、**表3.5**のように記述してクエリを発行します。

表3.5 すべてのデータを抽出するクエリ

項目	値
対象列	すべて (*)
テーブル名	station_ranking
絞り込み条件	なし (すべて出力)
並べ替え条件	id 昇順 (ASC)
その他条件	なし

並び替え条件は忘れがちなので、普段から指定する癖をつけておきましょう。

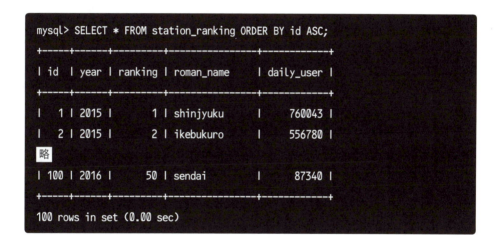

3-4-3 ● 最初の2件のみ抽出する

最初の数件だけデータを確認したいというケースが多々ありますので、ここでは最初の2件のみデータを抽出する例で、書き方を紹介します（**表3.6**）。

表3.6 最初の2件だけ抽出するクエリ

項目	値
対象列	すべて (*)
テーブル名	station_ranking
絞り込み条件	なし (すべて出力)
並べ替え条件	id 昇順 (ASC)
その他条件	最初の2件だけ (LIMIT 2)

今回は最初の2件だけを抽出するので、並び替えを指定しないと結果が不定になるので気をつけましょう。

並び替えを指定せずに何度実行しても同じ結果が返ってくるように見えますが、テーブルの定義やデータ配置の状況などによって結果が変わる可能性があります。

```
mysql> SELECT * FROM station_ranking ORDER BY id ASC LIMIT 2;
+----+------+---------+-------------+------------+
| id | year | ranking | roman_name  | daily_user |
+----+------+---------+-------------+------------+
|  1 | 2015 |       1 | shinjyuku   |     760043 |
|  2 | 2015 |       2 | ikebukuro   |     556780 |
+----+------+---------+-------------+------------+
2 rows in set (0.00 sec)
```

ちなみにOFFSETを指定すると開始位置を変更できます。指定しない場合は「OFFSET 0」として実行されます。

「LIMIT 2 OFFSET 1」の場合は、開始位置を1つずらしたところ（2件目）から2件を取得します。OFFSETは少し理解しづらいかもしれませんが、年齢の数え方（産まれて1年経つと1歳）と同じと覚えておくとよいでしょう。

```
mysql> SELECT * FROM station_ranking ORDER BY id ASC LIMIT 2 OFFSET 1;
+----+------+---------+------------+------------+
| id | year | ranking | roman_name | daily_user |
+----+------+---------+------------+------------+
|  2 | 2015 |       2 | ikebukuro  |     556780 |
|  3 | 2015 |       3 | tokyo      |     434633 |
+----+------+---------+------------+------------+
2 rows in set (0.00 sec)
```

3-4-4●並び替え条件を変更する

次にデータを投入したJR東日本の駅の中で、乗降客数トップ3を抽出してみましょ

う（**表3.7**）。

表3.7 並び替え条件を変更するクエリ

項目	値
対象列	すべて（*）
テーブル名	station_ranking
絞り込み条件	なし（すべて出力）
並べ替え条件	daily_user、降順（DESC）
その他条件	最初の3件のみ（LIMIT 3）

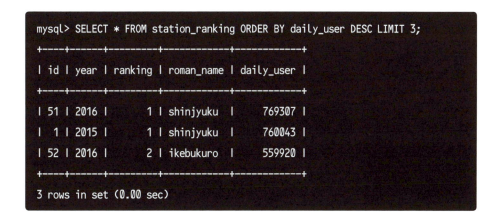

3-4-5 ● 特定行のみを抽出する

データの絞り込みを行う場合は、絞り込み条件「WHERE」を使用します。

書式

```
WHERE 条件式
```

「条件式」は「WHERE col1=3 AND col2=2」のようにANDやORで複数組み合わせることが可能です。また「WHERE col1=3 OR ((col2=3 OR col2=5) AND col3=2)」のように()を使って多段で組み合わせることもできます。

条件式は演算子を使って指定します。よく使う演算子は**表3.8**のとおりです。NULLは特別な値ですので特別扱いです（値がないという意味の値であるため特別な

値と表現するのは微妙ですが)。

表3.8 主な条件式の演算子

名前	値
=	等しいと真
!=	等しくないと真
<>	等しくないと真
IN(A, B, …)	左辺が引数で与えられたもの (A, B) のいずれかであれば真 (col = A OR col = B と同じ)
NOT IN()	左辺が引数で与えられたもの (A, B) のいずれかでなければ真 (col <> A AND col <> B と同じ)
>	左辺が右辺より大きければ真
>=	左辺が右辺以上であれば真
<	左辺が右辺より小さければ真
<=	左辺が右辺以下であれば真
BETWEEN A AND B	値がAからBの間であれば真 (col >= A AND col <= B と同じ)
NOT BETWEEN A AND B	値がAからBの間でなければ真 (col < A OR col > B と同じ)
IS NULL	左辺がNULLであれば真
IS NOT NULL	左辺がNULLでなければ真
LIKE A	左辺がパターンAに合致すれば真。ワイルドカード (%) が使える[注]
NOT LIKE A	左辺がパターンAに合致しなければ真。ワイルドカード (%) が使える[注]

参考： MySQL :: MySQL 8.0 Reference Manual :: 12.3.2 Comparison Functions and Operators
https://dev.mysql.com/doc/refman/8.0/en/comparison-operators.html

注 ： なお％(パーセント)を表す場合は％％(パーセント2連続)とします。

　2016年のJR東日本の乗降客数トップ3の駅を抽出してみましょう(**表3.9**)。

表3.9 特定行のみを抽出するクエリ

項目	値
対象列	すべて (*)
テーブル名	station_ranking
絞り込み条件	2016年のみ (year = 2016)
並べ替え条件	ranking 昇順 (ASC)
その他条件	最初の3件だけ (LIMIT 3)

Part 1
使って覚えるMySQL入門
基礎編

```
mysql> SELECT * FROM station_ranking WHERE year = 2016 ORDER BY ranking ASC ⏎
LIMIT 3;
+----+------+---------+-------------+------------+
| id | year | ranking | roman_name  | daily_user |
+----+------+---------+-------------+------------+
| 51 | 2016 |       1 | shinjyuku   |     769307 |
| 52 | 2016 |       2 | ikebukuro   |     559920 |
| 53 | 2016 |       3 | tokyo       |     439554 |
+----+------+---------+-------------+------------+
3 rows in set (0.00 sec)
```

3-4-6●特定列のみを抽出する

次に2016年のJR東日本の乗降客数トップ10の順位と乗降客数のみを抽出してみましょう（**表3.10**）。

表3.10 特定列のみを抽出するクエリ

項目	値
対象列	順位（ranking）と乗降客数（daily_user）
テーブル名	station_ranking
絞り込み条件	2016年（year = 2016）かつ（AND）順位が10以下（ranking <= 10）
並べ替え条件	ranking 昇順（ASC）
その他条件	なし

```
mysql> SELECT ranking, daily_user FROM station_ranking WHERE year = 2016 AND ⏎
ranking <= 10 ORDER BY ranking ASC;
+---------+------------+
| ranking | daily_user |
+---------+------------+
|       1 |     769307 |
```

（次ページに続く）

073

3 時間目 | SQLの基本

（前ページの続き）

```
|        2  |      559920  |
|        3  |      439554  |
|        4  |      414683  |
|        5  |      371787  |
|        6  |      371336  |
|        7  |      271028  |
|        8  |      252769  |
|        9  |      246623  |
|       10  |      214322  |
+-----------+--------------+
10 rows in set (0.00 sec)
```

3-5 データベースを操作する（DDL）

ここではデータベースの操作に関する基本事項を確認しておきましょう。

3-5-1◉データベースの作成（CREATE DATABASE）

データベースを作成する場合はCREATE DATABASEを使用します。基本構文は以下のとおりです（**表3.11**）。

書式

CREATE DATABASE オプション データベース名 *DB仕様オプション*

表3.11 CREATE DATABASEの指定要素

項目	値
オプション	IF NOT EXISTSを指定すると、CREATE DATABASEしたときにすでにデータベースが存在してもエラーにならない
データベース名	データベース名
DB仕様オプション	文字セット（CHARACTER SET=XXX）や文字照合（COLLATE=XXX）を指定可能

074

データベース名は最大64文字まで可能です。全角文字や日本語も使用できますが、トラブルを避けるために、通常は半角／英数字／大文字／小文字と「_」のみ使用します。

例えば、先ほどデータを投入する際に使用したterm03.sqlには**リスト3.4**のSQLが記載されています。

リスト3.4 term03.sql内のCREATE DATABASE文

```
CREATE DATABASE IF NOT EXISTS term03db;
```

3-5-2●データベース定義の変更（ALTER DATABASE）

データベース定義を変更する場合は「ALTER DATABASE」を使用します。ALTER DATABASEでは、DB仕様オプションで文字セットなどを変更できますが、データベース名は変更できません。基本構文は以下のとおりです（**表3.12**）。

書式

```
ALTER DATABASE データベース名 DB仕様オプション
```

表3.12 ALTER DATABASEの指定要素

項目	値
データベース名	データベース名
DB仕様オプション	文字セット（CHARACTER SET=XXX）や文字照合（COLLATE=XXX）を指定可能

3-5-3●データベースの削除（DROP DATABASE）

データベースを削除する場合は「DROP DATABASE」を使用します。基本構文は以下のとおりです（**表3.13**）。

書式

> DROP DATABASE オプション データベース名

表3.13 DROP DATABASEの指定要素

項目	値
オプション	IF EXISTS を指定すると DROP DATABASE したときにデータベースが存在しなくてもエラーにならない
データベース名	データベース名

3-6 テーブルを操作する（DDL）

ここではテーブル操作に関する基本を確認しておきましょう。

3-6-1●テーブルの作成（CREATE TABLE）

テーブルを作成する場合は「CREATE TABLE」を使用します。基本構文は以下のとおりです（**表3.14**）。

書式

> CREATE TABLE オプション テーブル名（列定義,……）テーブルオプション

表3.14 CREATE TABLEの指定要素

項目	値
オプション	IF NOT EXISTS を指定すると、CREATE TABLE を実行したときにすでにテーブルが存在してもエラーにならない
テーブル名	テーブル名
列定義	列ごとに「列名 データ型 列オプション」があり、「.」区切りで列挙する
テーブルオプション	ストレージエンジンや行フォーマット、暗号化有無などを指定できる。特に指定がなければ無指定（デフォルト）

テーブル名は最大64文字です。全角文字や日本語も使用できますが、トラブルを避けるために、通常は半角／英数字／大文字／小文字と「_」のみ使用します。

列定義で利用できる主な列オプションは**表3.15**のとおりです。テーブルは通常主キーとなる列を設けます。主キーとはテーブルの中で行を一意に識別できる列のことです。主キーを設けないことも可能ではありますが、データベース設計のセオリーで言っても、システム運用の観点でも必要になりますので、必ず主キーを持つようにしましょう。

表3.15 主な列オプション

列オプション	値
DEFAULT N	値が未指定の場合のデフォルト値（N）を指定する
AUTO_INCREMENT	自動でカウントアップする。PRIMARY KEYと同時に使うことが多い
UNIQUE	列内で重複する値を許容しない
PRIMARY KEY	主キーとする
NOT NULL	NULLを許容しない

列定義の記述例は**リスト3.5**のとおりです。

リスト3.5 列定義の記述例

```
(
    列名    データ型     列オプション
    id      INT          AUTO_INCREMENT PRIMARY KEY,
    stage   INT          DEFAULT 0,
    name    VARCHAR(255) NOT NULL
)
```

他にもさまざまな列オプションがあります。本書では詳しく解説しませんので、公式ドキュメントを参照してください。

- MySQL :: MySQL 8.0 Reference Manual :: 13.1.20 CREATE TABLE Syntax
  https://dev.mysql.com/doc/refman/8.0/en/create-table.html

3-6-2◉テーブル定義の変更（ALTER TABLE）

テーブル定義を変更する場合は「ALTER TABLE」を使用します。基本構文は以下のとおりです（**表3.16**）。

書式

```
ALTER TABLE テーブル名 操作 操作内容
```

表3.16 ALTER TABLEの指定要素

項目	値
テーブル名	テーブル名
操作	ADD CHANGE ALTER RENAME DROP など
操作内容	列名など

「ALTER TABLE」はさまざまなシーンで利用します。利用例は**リスト3.6**～**リスト3.11**に挙げています。

リスト3.6 テーブルt1に列col_extraを追加するクエリ

```
ALTER TABLE t1 ADD col_extra VARCHAR(8);
```

リスト3.7 テーブルt1の列col_extraの型を変更するクエリ

```
ALTER TABLE t1 CHANGE col_extra col_extra INT;
```

リスト3.8 テーブルt1の列col_extraに列オプションを追加するクエリ

```
ALTER TABLE t1 ALTER col_extra SET DEFAULT 100;
```

リスト3.9 テーブルt1の列col_extraの名前をcol_extra2に変更するクエリ（データ型／オプションをすべて指定する必要がある）

```
ALTER TABLE t1 CHANGE col_extra col_extra2 INT DEFAULT 100;
```

Part 1 使って覚えるMySQL入門 基礎編

リスト3.10 テーブルt1の列col_extra2を削除するクエリ

```
ALTER TABLE t1 DROP col_extra2;
```

リスト3.11 テーブルt1の名前をt2に変更するクエリ

```
ALTER TABLE t1 RENAME TO t2;
```

他にも多くの操作／操作内容があります。詳しくは公式ドキュメントを参照してください。

- MySQL :: MySQL 8.0 Reference Manual :: 13.1.9 ALTER TABLE Syntax
  https://dev.mysql.com/doc/refman/8.0/en/alter-table.html

3-6-3◉テーブルの削除（DROP TABLE）

テーブルを削除する場合は「DROP TABLE」を使用します。基本構文は以下のとおりです（**表3.17**）。

書式

```
DROP TABLE オプション テーブル名
```

表3.17 DROP TABLEの指定要素

項目	値
オプション	IF EXISTSを指定すると、DROP TABLEを実行したときにテーブルが存在しなくてもエラーにならない
テーブル名	テーブル名

079

3

時間目 | SQLの基本

>> 3-7 データを操作する（DML）

3-7-1●行の作成（CREATE）

行の作成は3-3-1で解説したCRUDのうちのCにあたります。基本構文は以下のとおりです（**表3.18**）。厳密にはもっといろいろな利用方法がありますが、まずはここから始めましょう。

書式

```
INSERT INTO テーブル名 対象列 VALUES（値，……）
```

表3.18 INSERT INTOの指定要素

項目	値
テーブル名	テーブル名
対象列	()の中に対象列名を「,」区切りで記載。記載を省略した列はデフォルト値になる。無指定でもよい
値	投入する値を区切りで記載。順番は「対象列」で指定した順。対象列が無指定の場合はテーブル定義の定義順

まず「INSERT」を実行するテーブルを作成してみます（**リスト3.12**）。

リスト3.12 INSERT先テーブルの作成クエリ

```
CREATE TABLE station_ranking (
    id          INT PRIMARY KEY,
    year        INT,
    ranking     INT,
    roman_name  VARCHAR(20),
    daily_user  INT
);
```

対象列を指定する場合のクエリ例は**リスト3.13**のとおりです。

080

Part 1 基礎編

使って覚えるMySQL入門

リスト3.13 対象列を指定するクエリ

```
INSERT INTO station_ranking (id, year, ranking, roman_name, daily_user)
VALUES(1, 2015, 1, "shinjyuku", 760043);
```

リスト3.13ではVALUESですべての列を指定しているため、リスト3.14でも同じ意味になります。

リスト3.14 リスト3.13と同じ意味のクエリ

```
INSERT INTO station_ranking VALUES(1, 2015, 1, "shinjyuku", 760043);
```

もし以下のように対象列をテーブルの列のうち一部のみにした場合、指定されない列はデフォルト値（今回は列にDEFAULTの指定がないのでNULL）になります。

```
mysql> INSERT INTO station_ranking (id, roman_name) VALUES(1000, ↲
"okachimachi");
Query OK, 1 row affected (0.01 sec)

mysql> SELECT * FROM station_ranking WHERE id=1000;
+------+------+---------+-------------+------------+
| id   | year | ranking | roman_name  | daily_user |
+------+------+---------+-------------+------------+
| 1000 | NULL |    NULL | okachimachi |       NULL |
+------+------+---------+-------------+------------+
1 row in set (0.00 sec)
```

3-7-2●行の更新（UPDATE）

行の作成は3-3-1で解説したCRUDのうちのUにあたります。基本構文は以下のとおりです（**表3.19**）。厳密にはもっといろいろな利用方法がありますが、まずはここから始めましょう。

書式

UPDATE テーブル名 SET 更新内容 絞り込み条件 並べ替え条件 その他条件

表3.19 UPDATEの指定要素

項目	値
テーブル名	テーブル名
更新内容	「対象列=値」を「,」区切りで列挙
絞り込み条件	なしの場合指定しない(無指定の場合はテーブルのすべての行が対象となる)。ありの場合は「WHERE 条件式」で指定する
並べ替え条件	列名を記載。昇順ならば列名に続き半角スペースを空けてASC、降順ならばDESC
その他条件	最初のN件だけを対象とするLIMITが指定可能。LIMITを使う場合は必ず並び順が一意になる並べ替え条件を併用する

表3.20の条件でSQLクエリを作成した場合の実行例は以下のとおりです。絞り込み条件を指定し忘れたことによって、テーブルの全データが同じ値になってしまうことがとてもよくあります(例:特定ユーザのメールアドレスを変更しようとしたら、全ユーザのメールアドレスが同じ値になってしまう)。必ず絞り込み条件を指定しましょう。

表3.20 UPDATEを使ったクエリの指定例

項目	値
テーブル名	station_ranking
更新内容	year=2017
絞り込み条件	id=1000
並べ替え条件	なし
その他条件	なし

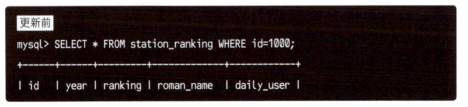

(次ページに続く)

（前ページの続き）

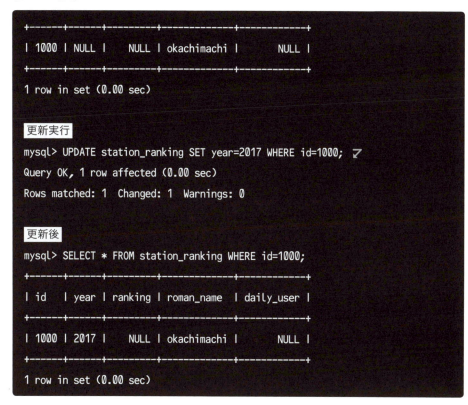

3-7-3 ● 行の削除（DELETE）

　行の作成は3-3-1で解説したCRUDのうちのDにあたります。基本構文は以下のとおりです（**表3.21**）。厳密にはもっといろいろな利用方法がありますが、まずはここから始めましょう。

書式

```
DELETE FROM テーブル名 絞り込み条件 並べ替え条件 その他条件
```

表3.21 DELETEの指定要素

項目	値
テーブル名	テーブル名
絞り込み条件	なしの場合は指定しない（無指定の場合はテーブルのすべての行が対象となる）。ありの場合は「WHERE 条件式」で指定する
並べ替え条件	列名を記載。昇順ならば列名に続き半角スペースを空けてASC、降順ならばDESC
その他条件	最初のN件だけを対象とするLIMITが指定可能。LIMITを使う場合は必ず並び順が一意になる並べ替え条件を併用する

　絞り込み条件を指定し忘れたことによって、テーブルのデータが全部消えてしまうことがとてもよくあります。必ず絞り込み条件を指定しましょう。

　テーブル内のデータすべてを削除する場合は、「DELETE」よりも「TRUNCATE」が高速です。

書式

```
TRUNCATE テーブル名
```

　詳しくは公式ドキュメントを参照してください。

- MySQL :: MySQL 8.0 Reference Manual :: 13.1.37 TRUNCATE TABLE Syntax
  https://dev.mysql.com/doc/refman/8.0/en/truncate-table.html

Note｜SQLのコメントアウト

　SQLのコメントアウト記号は「--」です。行頭または行の途中で利用可能です。

　例えば**リスト3.15**のSQLは「SELECT id, name FROM users;」と解釈されます。

リスト3.15 コメントアウトの例

```
SELECT
    id
    ,name -- display name
--    ,email
--    ,address
FROM
    users;
```

確認テスト

Q1 term03dbデータベースのstation_rankingテーブルから、2015年にランキング10位代のデータの順位／駅名（ローマ字）／乗降客数を、比較演算子（<、<=、=、>=、>）を使って抽出してください。

Q2 term03dbデータベースのstation_rankingテーブルから、2015年にランキング10位代のデータの順位／駅名（ローマ字）／乗降客数を、BETWEENを使って抽出してください。

Q3 term03dbデータベースのstation_rankingテーブルから、2015年にランキング10位代のデータの順位／駅名（ローマ字）／乗降客数を、LIMITを使って抽出してください。

4時間目 SQLの実践

4時間目では、SQL実践編として結合、集約などを学習します。結合や集約が使えるようになると、いよいよRDBMSをきちんと使えるようになってきたと言えます。このようなRDBMSらしい操作ができるようになると、RDBMSをさらに活用できるようになります。

今回のゴール

- SQLで結合を使ってデータを抽出できる
- SQLを使ってデータを集計できる

》》 4-1 データベースのテーブル設計と正規化

ここではデータベース設計で非常に重要な正規化について解説します。

4-1-1●RDBMSにおける正規化とは

　一般に正規化とはルールに基づいてデータを整えることを言います。例えば、郵便番号を3桁や4桁で区切る、住所のふりがなを全角ひらがなにする、電話番号を半角数字にするなどです。
　RDBMSにおける正規化とは、テーブルの構造を整理してデータの重複や矛盾を排することを意味します。つまりテーブルにある列を意味のかたまりごとに分解／整理し、テーブルを分けて関連づけることでデータの重複や矛盾をなくすことができるのです。
　例えば、勤務簿テーブルとして**表4.1**があるとします。このテーブルをよく見てみる

と、社員テーブル（**表4.2**）と 勤務記録テーブル（**表4.3**）に分割できることがわかります。

このように分割することによって、何らかの事情で氏名に変更があったとしても変更個所が1ヵ所で済み、データの不整合（あるテーブルは変更済みだが、別のテーブルでは変更し忘れているなど）をなくすことができます。

表4.1 勤務簿テーブル

社員番号 (member_id)	氏名 (name)	日付 (date)	出勤時刻 (begin_at)	退勤時刻 (end_at)
1	田中太郎	2018/3/1	8:55	18:03
1	田中太郎	2018/3/2	8:52	18:00
1	田中太郎	2018/3/3	8:55	19:05
1	田中太郎	2018/3/4	8:53	18:03
2	鈴木二郎	2018/3/1	8:55	18:05
2	鈴木二郎	2018/3/2	8:55	18:00
2	鈴木二郎	2018/3/3	8:55	19:00
2	鈴木二郎	2018/3/4	8:55	19:00

表4.2 社員テーブル

社員番号 (member_id)	氏名 (name)
1	田中太郎
2	鈴木二郎

表4.3 勤務記録テーブル

社員番号 (member_id)	日付 (date)	出勤時刻 (begin_at)	退勤時刻 (end_at)
1	2018/3/1	8:55	18:03
1	2018/3/2	8:52	18:00
1	2018/3/3	8:55	19:05
1	2018/3/4	8:53	18:03
2	2018/3/1	8:55	18:05
2	2018/3/2	8:55	18:00
2	2018/3/3	8:55	19:00
2	2018/3/4	8:55	19:00

なお、**表4.2**のように参照される側の元情報を集めたテーブルを俗にマスタと呼び、**表4.2**の社員テーブルは俗に社員マスタと呼ぶことがあります。

4-1-2●外部キー制約（FOREIGN KEY）

社員テーブル（**表4.2**）と勤務記録テーブル（**表4.3**）の間には、勤務記録テーブル（**表4.3**）の社員番号をもとに社員テーブル（**表4.2**）の行を一意に特定できるという関係性があります。RDBMSでは、これを外部キー制約（FOREIGN KEY）という形で実装できます。

外部キー制約をつけている場合は、マスタとなるデータを消した際に、その行を参照している別テーブルのデータも併せて消すなど、関係性をもとにした連鎖動作を強制的に行うことが可能になります。この連鎖動作によって、データ不整合を発生させないようにすることができます。なお、連鎖動作させないような外部キー制約を作成することもできます。

先ほどのテーブルの整理に話を戻しましょう。出勤と退勤が1日に1度だけとは限らないことも考慮すると、**表4.3**を**表4.4**のように整理することができます。

表4.4 打刻テーブル（勤務記録テーブルを整理）

社員番号 (member_id)	日付 (date)	時刻 (time)	打刻種別 (type)
1	2018/3/1	8:55	出勤
1	2018/3/1	18:03	退勤
1	2018/3/2	8:52	出勤
1	2018/3/2	18:00	退勤
1	2018/3/3	8:55	出勤
1	2018/3/3	19:05	退勤
1	2018/3/4	8:53	出勤
1	2018/3/4	18:03	退勤
2	2018/3/1	8:55	出勤
2	2018/3/1	18:05	退勤
2	2018/3/2	8:55	出勤
2	2018/3/2	18:00	退勤
2	2018/3/3	8:55	出勤
2	2018/3/3	19:00	退勤
2	2018/3/4	8:55	出勤
2	2018/3/4	19:00	退勤

このようにデータを管理する上でデータをどのように捉えどう整理するのか、あるいはしないのかによってテーブルの構造が異なってきます。

4-1-3 ◉ 正規形（正規化の段階）

RDBMSを利用する際は、基本的に正規化を行うべきです。「性能要件を満たすために敢えて正規化しない」という主張がまれにありますが、それはシステム全体の構造設計やキャパシティ設計において、RDBMSではないDBMSを利用すべきシーンでRDBMSを利用しているなどの歪みに由来するものが多い印象です。

なお、正規化の段階を示す正規形にはいくつかの種類があり、本書では詳しく触れませんが、第1正規形、第5正規形、ボイス・コッド正規形などがあります。

4-2　表を結合する

表の結合はテーブル同士の共通点を見つけて繋ぐ操作です。本来は正規化されたキーを使ってリレーションをたぐる操作ですが、リレーションがなくても（制約を適用していなくても、値が同じであれば）結合処理を行うことが可能です。

4-2-1 ◉ 内部結合

内部結合は、集合1と集合2に共通部分を抽出します。これをベン図で表したのが**図4.1**です。

図4.1 内部結合

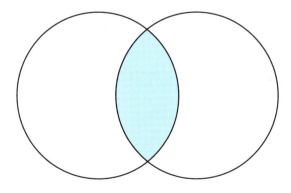

内部結合（INNER JOIN）の基本構文は以下のとおりです（**表4.5**）。厳密にはもっといろいろありますが、まずはここから始めましょう。

書式

SELECT *対象列* FROM *テーブル名1* INNER JOIN *テーブル名2* *JOIN条件* *絞り込み条件* *並べ替え条件* *その他条件*

表4.5 内部結合の指定要素

項目	値
対象列	すべての場合は「*」、対象を指定する場合は列名を「,」区切りで書く
テーブル名1	結合する1つ目のテーブルのテーブル名
テーブル名2	結合する2つ目のテーブルのテーブル名
JOIN条件	ONまたはUSINGを利用しJOIN条件を指定
絞り込み条件	なしの場合は指定しない。詳しくは特定行のみを抽出するWHERE（3-4-5）を参照
並べ替え条件	列名を書く。昇順であれば列名に続き半角スペースをあけてASC、降順であればDESC
その他条件	最初のN件だけ出すLIMIT、N件目から出すOFFSETなどがある

　結合する場合はテーブル名が2つ登場するため、列名は「テーブル名.列名」と表記します。

　JOIN条件は非常に重要です。「ON テーブル名1.列名 = テーブル名2.列名」の形式で結合する列を指定します。例えば、住所録と郵便番号一覧があった場合、「ON 住所録.郵便番号 = 郵便番号一覧.郵便番号」という形で記載します。

　2つのテーブルにおいて列名が同じ場合は「USING (列名)」と書くことができます。JOIN条件を書き忘れると交差結合のようになります。

4-2-2●内部結合を試してみよう

　ここでは、3時間目で作成したterm03dbデータベースで内部結合を実際に試してみます。

Part 1 基礎編

使って覚えるMySQL入門

◆指定した上位のデータを抽出する

まず乗車人員5位以内にランクインした東京都の駅の情報を出力してみましょう。stationsとstation_rankingのどちらにもroman_nameという列がありますので、この列で結合してみます（**表4.6**）。

表4.6 内部結合の抽出条件

項目	値
対象列	すべて (stations.*, station_ranking.*)
テーブル名1	stations
テーブル名2	station_ranking
JOIN条件	stations.roman_name=station_ranking.roman_name
絞り込み条件	station_ranking.ranking <= 5 AND stations.prefecture = "東京都"
並べ替え条件	station_ranking.year ASC, station_ranking.ranking ASC
その他条件	なし

実行例は以下のとおりです。

```
mysql> SELECT
    ->     stations.*,
    ->     station_ranking.*
    -> FROM stations
    -> INNER JOIN station_ranking
    ->     ON stations.roman_name=station_ranking.roman_name
    -> WHERE
    ->     station_ranking.ranking <= 5
    ->     AND stations.prefecture = "東京都"
    -> ORDER BY
    ->     station_ranking.year ASC,
    ->     station_ranking.ranking ASC;
+-------------+--------+------------+----+------+---------+-------------+------------+
| roman_name | name   | prefecture | id | year | ranking | roman_name | daily_user |
+-------------+--------+------------+----+------+---------+-------------+------------+
```

（次ページに続く）

091

（前ページの続き）

```
| shinjyuku | 新宿    | 東京都    |  1 | 2015 |    1 | shinjyuku |    760043 |
| ikebukuro | 池袋    | 東京都    |  2 | 2015 |    2 | ikebukuro |    556780 |
| tokyo     | 東京    | 東京都    |  3 | 2015 |    3 | tokyo     |    434633 |
| shibuya   | 渋谷    | 東京都    |  5 | 2015 |    5 | shibuya   |    372234 |
| shinjyuku | 新宿    | 東京都    | 51 | 2016 |    1 | shinjyuku |    769307 |
| ikebukuro | 池袋    | 東京都    | 52 | 2016 |    2 | ikebukuro |    559920 |
| tokyo     | 東京    | 東京都    | 53 | 2016 |    3 | tokyo     |    439554 |
| shinagawa | 品川    | 東京都    | 55 | 2016 |    5 | shinagawa |    371787 |
+-----------+---------+-----------+----+------+------+-----------+-----------+
8 rows in set (0.00 sec)
```

◆出力する列を指定して抽出する

stationsテーブルの列（roman_name、name、prefecture）とstation_rankingテーブルの列（id、year、ranking、roman_name、daily_user）が定義順にすべて表示されています（テーブルの列定義は「DESCRIBE テーブル名」で確認できます）。

出力する列は指定できます。例えば、2016年のTOP10の駅の都道府県を表示するクエリは**表4.7**のようになります。

表4.7 2016年のTOP10の駅の都道府県を表示するクエリ

項目	値
対象列	station_ranking.ranking, stations.prefecture
テーブル名1	stations
テーブル名2	station_ranking
JOIN条件	stations.roman_name=station_ranking.roman_name
絞り込み条件	station_ranking.ranking <= 10 AND station_ranking.year = 2016
並べ替え条件	station_ranking.ranking ASC
その他条件	なし

実行例は以下のとおりです。

```
mysql> SELECT
    ->     station_ranking.ranking,
    ->     stations.prefecture
    -> FROM stations
    -> INNER JOIN station_ranking
    ->     ON stations.roman_name=station_ranking.roman_name
    -> WHERE
    ->     station_ranking.ranking <= 10
    ->     AND station_ranking.year = 2016
    -> ORDER BY
    ->     station_ranking.ranking ASC;
+---------+------------+
| ranking | prefecture |
+---------+------------+
|       1 | 東京都     |
|       2 | 東京都     |
|       3 | 東京都     |
|       4 | 神奈川県   |
|       5 | 東京都     |
|       6 | 東京都     |
|       7 | 東京都     |
|       8 | 埼玉県     |
|       9 | 東京都     |
|      10 | 東京都     |
+---------+------------+
10 rows in set (0.01 sec)
```

4-2-3 ● 外部結合

左外部結合（LEFT OUTER JOIN）は、集合1全部と集合2の共通部分を抽出します（図4.2）。外部結合（OUTER JOIN）には左外部結合と右外部結合（RIGHT OUTER JOIN）がありますが、まずは左外部結合を覚えるようにしましょう。

図4.2 左外部結合

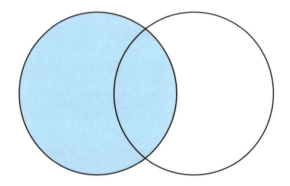

外部結合の基本構文は以下のとおりです。厳密にはもっといろいろありますが、まずはここから始めましょう。

書式

SELECT 対象列 FROM テーブル名1 LEFT OUTER JOIN テーブル名2 JOIN条件 絞り込み条件 並べ替え条件 その他条件

各項目については、内部結合のときと同じですが動作が異なります。
内部結合の場合は、JOIN条件に合致する相方がいないとその行は表示されませんが、外部結合の場合はテーブル1は必ず全部表示されます。

4-2-4 ● 外部結合を試してみよう

引き続き3時間目で作成したデータベースを使って外部結合を試してみましょう。stationsに、ランクインしていない駅を登録して動作を確認してみます。表4.8は投入データ、表4.9が抽出条件となります。

表4.8 投入データ

項目	値
テーブル名	stations
対象列	roman_name, name, prefecture
値	shimizu, " 清水 ", " 静岡県 "

表4.9 外部結合の抽出条件

項目	値
対象列	stations.prefecture, stations.name, station_ranking.year, station_ranking.ranking
テーブル名1	stations
テーブル名2	station_ranking
JOIN条件	stations.roman_name=station_ranking.roman_name
絞り込み条件	なし
並べ替え条件	なし
その他条件	なし

実行例は以下のとおりです。

```
mysql>    ←― データ投入前確認（データがない）
mysql> SELECT * FROM stations WHERE roman_name = "shimizu";
Empty set (0.00 sec)

mysql> INSERT INTO stations (roman_name, name, prefecture) VALUES ⤶
("shimizu", "清水", "静岡県");
Query OK, 1 row affected (0.04 sec)

mysql>    ←― データ投入後確認（データがある）
mysql> SELECT * FROM stations WHERE roman_name = "shimizu";
+-------------+--------+------------+
| roman_name | name   | prefecture |
```

（次ページに続く）

(前ページの続き)

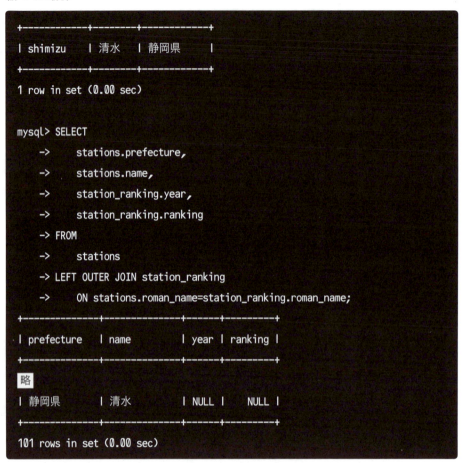

4-2-5 ● 交差結合

　交差結合は、集合1の要素全部と集合2の要素全部の可能な組み合わせすべてになります。交差結合は直積とも言います。
　交差結合（CROSS JOIN）の基本構文は以下のとおりです。厳密にはもっといろいろありますが、まずはここから始めましょう。

書式

SELECT 対象列 FROM テーブル名1 CROSS JOIN テーブル名2 絞り込み条件 並べ替え条件 その他条件

Note 「自分」とも結合できる

実は自分と自分を結合することができます。

2015年と2016年共にランクインしている駅のうち、2015年と2016年を比較して乗降客数が減っている駅を抽出してみましょう。

列やテーブル名は「AS 名称」で参照名を指定できます。実行例は以下のとおりです。

```
mysql> SELECT
    ->     t1.roman_name,
    ->     t1.daily_user AS "2015",
    ->     t2.daily_user AS "2016",
    ->     t2.daily_user - t1.daily_user AS "difference"
    -> FROM station_ranking AS t1
    -> LEFT OUTER JOIN station_ranking AS t2
    ->     ON t1.roman_name = t2.roman_name
    -> WHERE
    ->     t1.year = 2015
    ->     AND t2.year = 2016
    ->     AND t1.daily_user > t2.daily_user
    -> ORDER BY 3 DESC, 2 DESC , 1 ASC;
+--------------+--------+--------+------------+
| roman_name   | 2015   | 2016   | difference |
+--------------+--------+--------+------------+
| shibuya      | 372234 | 371336 |       -898 |
| hamamatsucho | 155334 | 155294 |        -40 |
| ochanomizu   | 104890 | 104816 |        -74 |
| iidabashi    |  94034 |  93962 |        -72 |
+--------------+--------+--------+------------+
4 rows in set (0.00 sec)
```

「JOIN条件がない」というのが注目ポイントです。正直なところ交差結合は普段あまり使いませんが、JOIN条件を書き忘れて結果行数が多くびっくりしたときはたいてい交差結合になっています。

4-3 集計する

ここでは、テーブル操作でデータの集計を行う基本について解説します。

4-3-1 ●便利な集約関数たち

RDBMSでは集約関数を利用し簡単に集計できます。よく使う処理とそのための関数は**表4.10**のとおりです。

表4.10 主な集約関数

処理	関数
件数を数える	COUNT(列名)
重複のない件数を数える	COUNT(DISTINCT 列名)
合計値を算出する	SUM(列名)
平均値を算出する	AVG(列名)
最大値を選び出す	MAX(列名)
最小値を選び出す	MIN(列名)

これらの関数は、SELECTで列指定を行う際に利用します。

4-3-2 ●集計を試してみよう

3時間目のデータベースで集計を試してみましょう。

◆件数を数える

station_rankingにshinjyukuが何件あるか数えてみます。実行例は以下のとおりです。

```
mysql> SELECT COUNT(*) FROM station_ranking WHERE roman_name="shinjyuku";
+----------+
| COUNT(*) |
+----------+
|        2 |
+----------+
1 row in set (0.01 sec)
```

◆ 重複のない件数を数える

station_rankingにいくつの駅がランクインしているか数えてみます。DISTINCT
で重複のない出力が得られます。実行例は以下のとおりです。

```
mysql> SELECT COUNT( DISTINCT roman_name ) FROM station_ranking;
+------------------------------+
| COUNT( DISTINCT roman_name ) |
+------------------------------+
|                           51 |
+------------------------------+
1 row in set (0.00 sec)
```

◆ 合計値を算出する

2016年のTOP3の駅の乗降客数の合計を算出してみます。実行例は以下のとおりです。

```
mysql> SELECT SUM(daily_user) FROM station_ranking WHERE year=2016 AND ranking <= 3;
+-----------------+
| SUM(daily_user) |
+-----------------+
|         1768781 |
+-----------------+
1 row in set (0.00 sec)
```

4 時間目 | SQLの実践

◆ 平均値を算出する

2016年のTOP3の駅の乗降客数の平均を算出してみます。実行例は以下のとおりです。

```
mysql> SELECT AVG(daily_user) FROM station_ranking WHERE year=2016 AND ranking <= 3;
+-----------------+
| AVG(daily_user) |
+-----------------+
|     589593.6667 |
+-----------------+
1 row in set (0.00 sec)
```

◆ 最大値を選び出す

2015年、2016年通して一番乗降客数が多かった駅の乗降客数を選び出してみます。実行例は以下のとおりです。

```
mysql> SELECT MAX(daily_user) FROM station_ranking;
+-----------------+
| MAX(daily_user) |
+-----------------+
|          769307 |
+-----------------+
1 row in set (0.00 sec)
```

◆ 最小値を選び出す

2015年、2016年通してTOP3のうち一番乗降客数が少なかった駅の乗降客数を選び出してみます。実行例は以下のとおりです。

```
mysql> SELECT MIN(daily_user) FROM station_ranking WHERE ranking <= 3;
+-----------------+
| MIN(daily_user) |
+-----------------+
```

（次ページに続く）

（前ページの続き）

```
|          434633 |
+-----------------+
1 row in set (0.00 sec)
```

Note 集計上のNULLの扱い

NULLは集計上無視されますので注意してください。例えば**表4.11**のように、対象者5人、実施済み3人、未実施2人の試験があるとします。現時点での平均得点は、AVG(score)とした場合はNULLの行は分母から除外されます。

表4.11 平均得点を求めるテーブル

name	score
佐藤	60
山田	80
杉山	NULL
田中	70
鈴木	NULL

```
mysql> SELECT AVG(score) FROM score;
+------------+
| AVG(score) |
+------------+
|    70.0000 |
+------------+
1 row in set (0.00 sec)

mysql> SELECT COUNT(score) FROM score;
+--------------+
| COUNT(score) |
```

（次ページに続く）

（前ページの続き）

```
+-------------+
|           3 |
+-------------+
1 row in set (0.00 sec)
```

もしNULLを特定の値（0など）として扱いたい場合はIFNULL()を利用します。

```
mysql> SELECT AVG(IFNULL(score, 0)) FROM score;
+-----------------------+
| AVG(IFNULL(score, 0)) |
+-----------------------+
|               42.0000 |
+-----------------------+
1 row in set (0.00 sec)

mysql> SELECT COUNT( IFNULL(score, 0) ) FROM score;
+---------------------------+
| COUNT( IFNULL(score, 0) ) |
+---------------------------+
|                         5 |
+---------------------------+
1 row in set (0.00 sec)
```

》 4-4 集約（グルーピング）

ここでは、集約（グルーピング）の基本について解説します。

4-4-1●集約とは

集計はデータ全体だけでなく、〇〇ごとに集計することが多いものです。MySQL
ではGROUP BYで集約して集計します。

集約後に表示できるのは、集約のキーにしたものと集計結果だけです。RDBMSやバージョンによって挙動が変わることがあるため注意してください。

4-4-2 ◉ 集約を試してみよう

◆ カテゴリごとの数を数える

駅の一覧から都道府県ごとの駅の数を数えてみます。実行例は以下のとおりです。

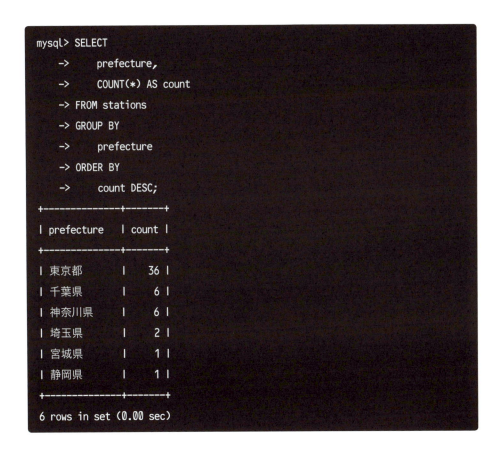

◆ 集約前にデータを絞り込む

クエリにWHEREをつけると、集約する前の段階でデータを絞り込むことができます。例えば駅の一覧からprefectureが「県」で終わるデータの駅の数を数えるクエリの実行例は以下のとおりです。

```
mysql> SELECT
    ->     prefecture,
    ->     COUNT(*) AS count
    -> FROM stations
    -> WHERE
    ->     prefecture LIKE '%県'
    -> GROUP BY
    ->     prefecture
    -> ORDER BY
    ->     count DESC;
+------------+-------+
| prefecture | count |
+------------+-------+
| 千葉県      |     6 |
| 神奈川県    |     6 |
| 埼玉県      |     2 |
| 宮城県      |     1 |
| 静岡県      |     1 |
+------------+-------+
5 rows in set (0.00 sec)
```

◆集約後にデータを絞り込む

　集約後の結果に対して絞り込みを行う場合はHAVINGを使います。例えば駅の一覧から、駅の数が5以上の都道府県を抽出するクエリの実行例は以下のとおりです。

```
mysql> SELECT
    ->     prefecture,
    ->     COUNT(*) AS count
    -> FROM stations
    -> GROUP BY
    ->     prefecture
```

（次ページに続く）

（前ページの続き）

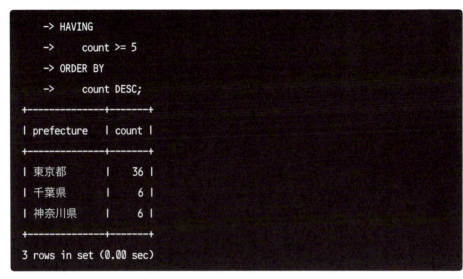

4-5 もっと試してみよう

これまで学習したことをもとに、さらに複雑な例を実行してみましょう。

4-5-1 ● テスト用データベースのセットアップ

ここでは、公式サイトにあるサンプルデータベースを利用します。

- MySQL :: Other MySQL Documentation
  https://dev.mysql.com/doc/index-other.html

今回はworldデータベースを利用します。データはMySQLのサイトにホストされています。

上記URLからダウンロードするか、curlコマンドを実行してdownloads.mysql.comから圧縮されたファイルを取得し、gzipで伸張し、mysqlコマンドのsourceサブコマンドでデータを取り込みます。

なお、インターネットに接続できないなどの理由でcurlコマンドにてファイルが取得できない場合は、curlコマンドで取得する代わりに付属DVD-ROMのworld.sql.gzを利用してください。

4 時間目 SQLの実践

実行例は以下のとおりです。

```
[root@db01 ~]# cd /root
[root@db01 ~]# curl -LO http://downloads.mysql.com/docs/world.sql.gz
略
[root@db01 ~]# gzip -d world.sql.gz
[root@db01 ~]# mysql --user=root --password
略

mysql> source world.sql
略
Query OK, 0 rows affected (0.00 sec)

Query OK, 0 rows affected (0.00 sec)

mysql> USE world;
略
Database changed
```

各テーブルの概要は**表4.12**のとおりです。

表4.12 実行するテーブル

テーブル	値
country	国の情報（Code：国コード、Name：国名、Population：人口、……）
countrylanguage	国の言語情報（CountryCode：国コード、Language：言語名、IsOfficial：国語か否か、Percentage：割合）
city	都市の情報

なお countrylanguage.CountryCode は、country.Code を参照する外部キー制約を持ちます。

MySQL Workbench というツールを用いて、テーブル構造やテーブル同士の関連を図示するER図（Entity Relationship Diagram）を出力したところ、**図4.3**のようになります。

106

図4.3 出力されたER図

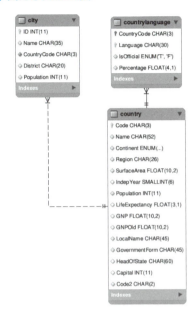

データが投入できたら、まずは肩慣らしに利用人口が多い言語トップ10を集計してみましょう。実行例は以下のとおりです。

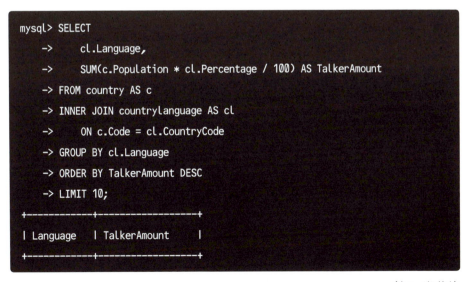

```
mysql> SELECT
    ->     cl.Language,
    ->     SUM(c.Population * cl.Percentage / 100) AS TalkerAmount
    -> FROM country AS c
    -> INNER JOIN countrylanguage AS cl
    ->     ON c.Code = cl.CountryCode
    -> GROUP BY cl.Language
    -> ORDER BY TalkerAmount DESC
    -> LIMIT 10;
+----------+--------------+
| Language | TalkerAmount |
+----------+--------------+
```

（次ページに続く）

（前ページの続き）

```
| Chinese    | 1191843539.22187 |
| Hindi      |  405633085.47466 |
| Spanish    |  355029461.90782 |
| English    |  347077860.65105 |
| Arabic     |  233839240.44018 |
| Bengali    |  209304713.12510 |
| Portuguese |  177595269.43999 |
| Russian    |  160807559.89702 |
| Japanese   |  126814106.08493 |
| Punjabi    |  104025371.70681 |
+------------+------------------+
10 rows in set (0.00 sec)
```

4-5-2●クエリ結果を集計する

　実は FROMにクエリが書けるのです。サブクエリと呼ばれます。FROMでテーブル名を指定するところに、()で囲んだクエリを書きます。worldテストデータベースを用いて、どの言語だとどの地域でたくさんの人と話せる可能性があるか調べてみます。

　段取りは、まず以下を集計し、それぞれをFROMとして指定します。

①地域ごと言語ごとの話者数
②地域ごとの人口

　次に地域ごと／言語ごとの話者比率を話者数÷地域人口で求めます。たくさんの人と話せるものを抽出したいので、話者比率が80%を越えるものだけを表示します。

　以上を踏まえてクエリを組み立てていきます。実行例は以下のとおりです。一見複雑に見えますが、順番に読み解いていけば簡単です。原理がわかればあとは慣れるだけです。

```
mysql> SELECT
    ->      t1.Language,
    ->      t1.Region,
    ->      t1.TalkerAmount / t2.TotalPopupation * 100 AS TalkerRatio
```

（次ページに続く）

Part 1 使って覚えるMySQL入門 基礎編

（前ページの続き）

```
-> FROM
-> (
->     ①地域ごと言語ごとの話者数
->     SELECT
->         c.Region,
->         cl.Language,
->         SUM(c.Population * cl.Percentage / 100) AS TalkerAmount
->     FROM country AS c
->     INNER JOIN countrylanguage AS cl
->         ON c.Code = cl.CountryCode
->     GROUP BY c.Region, cl.Language
-> ) AS t1
-> INNER JOIN
-> (
->     ②地域ごとの人口
->     SELECT
->         Region,
->         SUM(Population) as TotalPopupation
->     FROM
->         country
->     GROUP BY
->         Region
-> ) AS t2
-> ON t1.Region = t2.Region
-> HAVING TalkerRatio > 80
-> ORDER BY t1.Language, t1.Region, TalkerRatio DESC;
+----------+-------------------------+--------------+
| Language | Region                  | TalkerRatio  |
+----------+-------------------------+--------------+
| Arabic   | Northern Africa         | 80.849126018 |
| English  | Australia and New Zealand | 82.166260526 |
| English  | British Islands         | 97.365503091 |
```

（次ページに続く）

109

（前ページの続き）

```
| English  | North America          | 83.590040429 |
| Spanish  | Central America        | 90.340351688 |
+----------+------------------------+--------------+
5 rows in set, 1 warning (0.01 sec)
```

4-5-3●クエリ結果をもとに絞り込む

実はWHEREにクエリが書くことができます。これを相関サブクエリと呼びます。

ここでは、地域の母語バラエティを確認することにします。地域ごとの母語が複数ある国の数を集計します。実行例は以下のとおりです。

```
mysql> SELECT
    ->     Region,
    ->     COUNT(Code) AS Countries
    -> FROM
    ->     country
    -> WHERE
    ->     Code IN (
    ->         母語が複数ある国
    ->         SELECT
    ->             CountryCode
    ->         FROM
    ->             countrylanguage
    ->         WHERE
    ->             isOfficial = TRUE
    ->         GROUP BY CountryCode
    ->         HAVING count(CountryCode) > 1
    ->     )
    -> GROUP BY Region
    -> ORDER BY Countries DESC;
+--------------------+-----------+
```

（次ページに続く）

Part 1 使って覚えるMySQL入門 基礎編

（前ページの続き）

```
| Region                   | Countries |
+--------------------------+-----------+
| Eastern Africa           |         5 |
| Micronesia               |         4 |
| Polynesia                |         4 |
| Southern and Central Asia |        3 |
| South America            |         3 |
| Western Europe           |         3 |
| Eastern Europe           |         2 |
| Southern Africa          |         2 |
| North America            |         2 |
| Middle East              |         2 |
| Nordic Countries         |         2 |
| Western Africa           |         1 |
| Melanesia                |         1 |
| British Islands          |         1 |
| Caribbean                |         1 |
| Southern Europe          |         1 |
| Southeast Asia           |         1 |
+--------------------------+-----------+
17 rows in set (0.00 sec)
```

確認テスト

Q1 前項の地域ごとの、母語が複数ある国の数のクエリを、結合を使って書き直してください。

Q2 worldデータベースから、建国が西暦1000年以前の国の公用語の、世界での話者数を集計してください。

5時間目 トランザクションとストレージエンジン

5時間目では、データベースでデータを処理する上でとても重要なトランザクションについて学習します。トランザクションの概念はMySQLなどのRDBMSのみならず、コンピュータでデータを取り扱う上で非常に重要な概念です。トランザクションの後は、MySQLにおいてトランザクションと関わりの深いストレージエンジンについて学習します。

今回のゴール

- トランザクションを利用し複数人同時にMySQLを利用しても整合性を保てる
- ロックの対象／方法を理解し利用できる
- ストレージエンジンについて知る

5-1 同時実行制御を理解する

5-1-1 ● テーブルロックとは

　DBMSは、そのシステムに保存されるデータを確実に保存する場所です。多くの同時接続に確実に対処する必要があります。例えば倉庫のシステムであれば、出荷情報と在庫情報は整合しているはずです。

　倉庫から米を3俵出荷したケースを考えてみましょう。

　①出荷情報テーブルに3俵出荷した件を記録する
　②在庫を3俵減らす

　①と②は整合がとれている必要があり、どちらかだけ成功ではいけません。また在庫を確認した際に①と②の中間の状態を在庫数とされても困ります。

そこでデータベースの利用者全員に対し、その時々での正しい唯一のデータを示す必要があります。このように整合性を取るための一連の処理のくくりをトランザクションと呼びます。

データの整合性を実現するために一番簡単なのは、データ全体の同時利用者を一人に絞ることです。紙の台帳と同じです。つまりデータ一式＝データベースごとあるいはテーブルごとに同時利用可能な人を1名にし、他の利用者は閲覧も更新もできないようにすることで整合性を保つことができるのです。テーブルを利用する人を1名にする状態を「テーブルにロック（Lock、鍵）をかける」と言います。

1名しか利用できないようにするのが一番簡単な方法ですが、これではデータベースの性能が落ちてしまいます。そこでトランザクションではいろいろ工夫が施されています。

5-1-2 ● ロック対象を小さくする

先ほどテーブルをロックする例を出しましたが、テーブルにはその処理に関係がないデータも含まれています。そこでテーブル全体ではなく行単位でロックをかけることで利用者が並行で利用できる可能性が高まります。

このようにロック対象を小さくすることによって、同時実行性能が向上することがよくあります。MySQL 8.0ではデフォルトでテーブルロックや行ロックが利用可能です。

Note　ACID特性

トランザクションをきちんと学ぶと、ACID特性という用語が登場します。現段階では用語のみ覚えておくだけで構いませんが、一通り学習したらぜひ深堀りしてみてください。

- Atomicity（原子性）
- Consistency（一貫性）
- Isolation（分離性）
- Durability（持続性）

5-1-3 ● ロックする操作を絞る

データに対する操作には、CRUD（CREATE／READ／UPDATE／DELETE）があることを3-3-1で解説しました。この中でデータ変更が伴わないREADについてはロックしないようにすることで、同時実行性能が向上することがよくあります。

例えば、ブログやSNSのシステムでデータ変更の頻度とデータ読み込みの頻度を比較すると、書き込みに対して読み込みのほうが圧倒的に多いです。MySQL 8.0では、デフォルトで共有ロック（読み込みはみんなできる）、排他ロック（読み込みもできない）が設定されています。

使用したいデータにロックがかかっている場合は、諦める（エラーにする）、一定時間待つなどを行います。たいていは待ちますが、利用者側の事情によって即時エラーとしたい場合もあります。

これは即時エラーとし、あとからリトライするようなケースです。例えば10秒待つ設定だとして、毎秒1トランザクションのシステムで10秒待つのと、毎秒1,000トランザクションのシステムで10秒待つのでは状況が全然違います。

5-1-4 ● 試してみよう

テーブルロックを体験してみましょう。2つ同時に接続してください。コマンドプロンプトやターミナルを複数画面起動し、それぞれで「vagrant ssh db01」を実行してください。以降では1つ目をターミナル1、2つ目をターミナル2として解説を進めています。

もしVirtualBoxの黒画面を直接利用する場合は、 Alt + F2 もしくは Alt + F1 で画面を切り替えることができます。

まずターミナル1でデータベースやテーブルを作成し、ロックをかけずにそれぞれのターミナルでデータ操作を行った場合を見てみましょう（**リスト5.1**〜**リスト5.2**）。

| Note | ターミナルマルチプレクサ |

ターミナルマルチプレクサであるscreenやtmuxを使うと便利です。あと何となくカッコイイかもしれません。

Part 1 使って覚えるMySQL入門 基礎編

リスト5.1 ターミナル1の操作（その1）

```
DROP DATABASE IF EXISTS term05db;
CREATE DATABASE term05db;
USE term05db;
CREATE TABLE stock (id int, name VARCHAR(10), amount int);
INSERT INTO stock (id, name, amount) values (1, "apple",  100);
INSERT INTO stock (id, name, amount) values (2, "orange", 100);
INSERT INTO stock (id, name, amount) values (3, "pear",   100);
SELECT * FROM stock;
```
見られる（3件）

リスト5.2 ターミナル2の操作（その1）

```
USE term05db;
SELECT * FROM stock;
```
見られる（3件）

　次にテーブルを自分（ターミナル1）だけが読み込み／書き込み可能にするようロックをかけてみます（**リスト5.3**〜**リスト5.4**）。

リスト5.3 ターミナル1の操作（その2）

```
LOCK TABLES stock WRITE;
SELECT * FROM stock;


INSERT INTO stock (id, name, amount) values (4, "peach", 200);
SELECT * FROM stock;
```
見られる（4件）

リスト5.4 ターミナル2の操作（その2）

```
SELECT * FROM stock;
```
待たされる

ターミナル2では、待たされる＝ロックされていて、開放待ちということがわかります。

次にターミナル1でロックを解除した場合は、**リスト5.5〜リスト5.6**のようになります。

リスト5.5 ターミナル1の操作（その3）

```
SELECT * FROM stock;
```
見られる（4件）
```
UNLOCK TABLES;
```
```
SELECT * FROM stock;
```
見られる（4件）

リスト5.6 ターミナル2の操作（その3）

UNLOCK TABLESされた瞬間にさきほどの結果が表示される（4件）

このように、ロックされている対象にロックされている操作を行おうとする場合は待たされます。

5-2　トランザクションを理解する

5-2-1●トランザクションとは

先ほどトランザクションという言葉が出てきましたが、トランザクションは一般的な技術用語としては、ある目的のために実施される一連の処理を指すことが多いです。

本書では、MySQLにおいて「START TRANSACTION」で始まり、「COMMIT」（処理を確定しデータに反映）または「ROLLBACK」（処理を破棄）で終わるものをトランザクションと呼びます。

また「START TRANSACTION」ではなく「BEGIN」が使われることも多いです（「BEGIN」は「START TRANSACTION」のエイリアスです）。

例えば、りんごの在庫を10増やす処理は**リスト5.7**のとおりです。

Part 1 使って覚えるMySQL入門 基礎編

リスト5.7 りんごの在庫を10増やす処理

```
BEGIN;
SELECT amount FROM stock WHERE name = "apple" FOR UPDATE;
ここで100が返却されたとします
UPDATE stock SET amount = 110 WHERE name = "apple";
SELECT amount FROM stock WHERE name = "apple";
COMMIT;
```

5-2-2●試してみよう

　トランザクションを利用することで、1回目のSELECTを実行したあと、「UPDATE」を実行するまでの間にamountの値が変わる事態を防ぐことができます（**リスト5.8～リスト5.12**）。行ロックは「SELECT …… FOR UPDATE」を実行します。

リスト5.8 ターミナル1の操作（その1）

```
DROP DATABASE IF EXISTS term05db;
CREATE DATABASE term05db;
USE term05db;
CREATE TABLE stock (id int, name VARCHAR(10), amount int);
INSERT INTO stock (id, name, amount) values (1, "apple", 100);
INSERT INTO stock (id, name, amount) values (2, "orange", 100);
INSERT INTO stock (id, name, amount) values (3, "pear",  100);
SELECT amount FROM stock WHERE name = "apple"; →100
```

リスト5.9 ターミナル2の操作（その1）

```
ターミナル2
USE term05db;
SELECT amount FROM stock WHERE name = "apple"; →100
```

117

5
時間目 トランザクションとストレージエンジン

リスト5.10 ターミナル1の操作（その2）

```
BEGIN;

SELECT amount FROM stock WHERE name = "apple" FOR UPDATE;  →100
```

リスト5.11 ターミナル2の操作（その2）

```
SELECT amount FROM stock WHERE name = "apple";  →100
BEGIN;

SELECT amount FROM stock WHERE name = "apple";  →100
SELECT amount FROM stock WHERE name = "apple" FOR UPDATE;
待たされる
```

リスト5.12 ターミナル1の操作（その3）

```
UPDATE stock SET amount = 110 WHERE name = "apple";

SELECT amount FROM stock WHERE name = "apple";  →110
```

ターミナル2は、まだ待たされています（**リスト5.13**〜**リスト5.14**）。

リスト5.13 ターミナル1の操作（その4）

```
COMMIT;

SELECT amount FROM stock WHERE name = "apple";  →110
```

リスト5.14 ターミナル2の操作（その3）

```
COMMITされた瞬間にさきほどのSELECT ... FOR UPDATEの結果が表示されている[110]

UPDATE stock SET amount = 120 WHERE name = "apple";

SELECT amount FROM stock WHERE name = "apple";  →120
```

COMMIT前だと値はまだ反映されていません（**リスト5.15**〜**リスト5.17**）。

Part 1
基礎編

使って覚えるMySQL入門

リスト5.15 ターミナル1の操作（その5）

```
SELECT amount FROM stock WHERE name = "apple";  →110
```

リスト5.16 ターミナル2の操作（その4）

```
COMMIT;
SELECT amount FROM stock WHERE name = "apple";  →120
```

リスト5.17 ターミナル1の操作（その6）

```
SELECT amount FROM stock WHERE name = "apple";  →120
```

　勘の良い方は気づいたかもしれませんが、ターミナル1が1.行A、2.行Bの順でロック獲得を試み、ターミナル2が1.行B、2.行Aの順でロック獲得を試みると、お互いにお互いの開放待ちになり身動きが取れなくなります。これをデッドロックと呼びます。デッドロックを避けるには「ロックする順番を決めて利用者全員がそれを守る」という方法があります。

5-2-3◉トランザクション分離レベル（Transactions Isolation Level）

　トランザクション分離レベル（Transactions Isolation Level）とは、同時に実行されるトランザクションのそれぞれをどの程度独立させるかを示すものです（**リスト5.18～5.20**）。

リスト5.18 ターミナル1の操作（その1）

```
DROP DATABASE IF EXISTS term05db;
CREATE DATABASE term05db;
USE term05db;
CREATE TABLE stock (id int, name VARCHAR(10), amount int);
INSERT INTO stock (id, name, amount) values (1, "apple",  100);
INSERT INTO stock (id, name, amount) values (2, "orange", 100);
```

（次ページに続く）

119

5時間目 トランザクションとストレージエンジン

(前ページの続き)

```
INSERT INTO stock (id, name, amount) values (3, "pear", 100);
SELECT amount FROM stock WHERE name = "apple";  →100
BEGIN;
SELECT amount FROM stock WHERE name = "apple" FOR UPDATE;  →100
```

リスト5.19 ターミナル2の操作 (その1)

```
USE term05db;
SELECT amount FROM stock WHERE name = "apple";  →100
BEGIN;
SELECT amount FROM stock WHERE name = "apple";  →100
```

リスト5.20 ターミナル1の操作 (その2)

```
UPDATE stock SET amount = 110 WHERE name = "apple";
SELECT amount FROM stock WHERE name = "apple";  →110
COMMIT;
SELECT amount FROM stock WHERE name = "apple";  →110
```

COMMIT後のターミナル2の挙動はちょっと直観に反するかもしれません (**リスト5.21**)。

リスト5.21 ターミナル2の操作 (その2)

```
SELECT amount FROM stock WHERE name = "apple";  →100
SELECT amount FROM stock WHERE name = "apple" FOR UPDATE;  →110
SELECT amount FROM stock WHERE name = "apple";  →110
```

これはファントムリード (Phantom Read) と呼ばれるもので、Phantom = 幻影 を見てしまうのです。

データ更新に関係するすべての行を「SELECT …… FOR UPDATE」でロックすればよいので、通常は問題にはならないはずです。

Note｜トランザクションについてもっと知りたくなったら

トランザクションについてもっと知りたくなったら、トランザクション分離レベルやMVCC（Multi Version Concurrency Control）などをキーワードに調べてみてください。

Note｜自動コミット

mysqlコマンドでMySQLサーバに接続してINSERT／UPDATE／DELETEしたとき、COMMITしなくてもデータが更新できていました。これはデフォルトでautocommitが有効になっているからです。

autocommitを無効にする場合は「SET autocommit=0」で無効化できます。autocommitが無効の場合、COMMITせずにmysqlコマンドを終了すると変更はROLLBACKされます。

Note｜暗黙のコミット

トランザクション中にDDLを実行すると、実行した時点で「COMMIT」が実行されます。これを「暗黙のコミット」（Implicit Commit）と呼びます。また、「CREATE TABLE」「ALTER TABLE」「DROP TABLE」などをトランザクション中に実行すると、その直前まで実行した分が「COMMIT」されますので注意してください。

- MySQL :: MySQL 8.0 Reference Manual :: 13.3.3 Statements That Cause an Implicit Commit
  https://dev.mysql.com/doc/refman/8.0/en/implicit-commit.html

5-3 ストレージエンジンを理解する

5-3-1 ● ストレージエンジンとは

ストレージエンジンは、MySQLがデータベースとしての機能を果たすために必要となる重要なパーツです。MySQLには複数のストレージエンジンが用意されており、中にはトランザクションが使えないものもあります。

- Table 16.1 Storage Engines Feature Summary
  https://dev.mysql.com/doc/refman/8.0/en/storage-engines.html

MySQL 8.0におけるデフォルトのストレージエンジンはInnoDBです。MySQL 5.5よりも前はMyISAMがデフォルトでしたが、MySQL 5.5以降はInnoDBに変更されています。

ストレージエンジンはテーブルごとに変更することが可能ですが、最初のうちはInnoDBから変更するケースはほとんどないと思います。

◆ ストレージエンジンの確認

インストールされているストレージエンジンは、「information_schema」のENGINESテーブルで確認できます。

```
mysql> SELECT ENGINE, SUPPORT FROM information_schema.ENGINES ORDER BY ENGINE;
+--------------------+---------+
| ENGINE             | SUPPORT |
+--------------------+---------+
| ARCHIVE            | YES     |
| BLACKHOLE          | YES     |
| CSV                | YES     |
| FEDERATED          | NO      |
| InnoDB             | DEFAULT |
| MEMORY             | YES     |
| MRG_MYISAM         | YES     |
```

（次ページに続く）

（前ページの続き）

```
| MyISAM             | YES     |
| PERFORMANCE_SCHEMA | YES     |
+--------------------+---------+
9 rows in set (0.00 sec)
```

5-3-2◉InnoDBストレージエンジンの特徴

　先ほど述べましたが、InnoDBは現在のMySQLにおけるデフォルトストレージエンジンであるため、本書に限らず「MySQLの機能」として紹介されるものが、実はInnoDBの機能であることが多々あります。

　2010年代以降のMySQLに関する話題は、特に断りがない限りInnoDBを前提にしていると考えてよいでしょう。

　MySQLのドキュメントでは、InnoDBの主要な利点として以下の点が挙げられています。

- トランザクションが利用可能
- 行レベルロックとOracleスタイルの読み取り一貫性で同時利用並列性とパフォーマンスを向上
- InnoDBテーブルはデータを主キーで最適化して配置している
  - 主キーでのデータ抽出におけるディスクI/Oを最小化する
- FOREIGN KEY（外部キー）制約が利用可能

5-3-3◉InnoDBにおけるストレージの利用

　ハードディスク（HDD）とメモリで性能特性が異なるため、InnoDBではそれぞれのデバイスを効率的に利用できるよう工夫されています（**表5.1**）。

表5.1 ハードディスクとメモリの特性比較

	ハードディスク	メモリ
容量単価	安い	高い
データへのアクセス速度	遅い	速い
データ読み書き速度	遅い	速い
データ永続性	ある	ない

特にハードディスクにおいては、連続領域へのデータアクセス（シーケンシャルアクセス）は非連続領域へのデータアクセス（ランダムアクセス）と比較して所要時間が数分の1〜数百分の1になるため、シーケンシャルアクセスを活用するように作られています。

またDBMSの役割上、データを確実に格納する、かつ性能も引き出すための工夫がたくさん実装されています（図5.1）。

図5.1 InnoDBにおけるストレージの利用

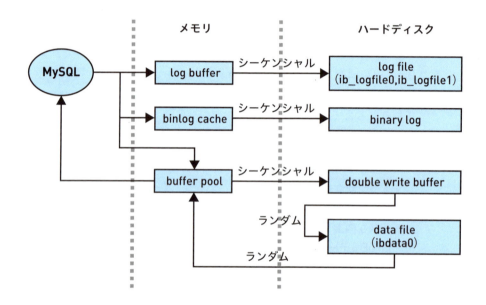

◆ クラッシュリカバリに使うRedoログ

クラッシュリカバリに使うRedoログの用途では、メモリとディスクを以下のように活用しています。

- メモリ
  ログバッファはRedoログ書き込みを高速化するためのもの
- ディスク
  ログファイルのファイル名としてはib_logfile0, ib_logfile1などがある。一式でRedoログ、WAL（Write Ahead Log）と呼ばれる。ログファイルに記録された変更は非同期でダブルライトバッファデータファイルに反映される

使って覚えるMySQL入門　基礎編

◆ロールフォワードリカバリやレプリケーションに使うバイナリログ

ロールフォワードリカバリやレプリケーションに使うバイナリログの用途では、メモリとディスクを以下のように活用しています。

- **メモリ**
  binlog cache はバイナリログ書き込みを高速化するためのもの
- **ディスク**
  バイナリログファイルのファイル名はbinlog.000000などがある

◆データ

データの用途では、メモリとディスクを以下のように活用しています。

- **メモリ**
  バッファプールはデータファイルに格納されたデータの読み込みを高速化するためのもの
- **ディスク**
  データファイルがデータの最終格納場所となる。二重書き込みバッファはデータファイル書き込みを高速化する＆クラッシュリカバリに使うもの

各要素についての詳細は解説しませんが、メモリを活用することによって永続性のあるディスクを上手に扱う工夫がなされていることを感じてもらえると思います。

確認テスト

Q1 トランザクションを開始する方法は「START TRANSACTION」ともう1つは何でしょうか。

Q2 トランザクション中の処理を書き込む方法は何でしょうか。

Q3 トランザクション中の処理を取り消す方法は何でしょうか。

MySQL運用技術の基礎知識

6時間目では、MySQLを運用する上で必要な技術の基礎知識を学習します。
設定ファイルや設定方法について学習したあとは、MySQLで日本語を扱う上で避けて通れない文字セットと文字照合について、そして最後にMySQLのユーザ管理について学習します。きちんと身につけておくと、以降の章で迷子になる確率が格段に減ることでしょう。

今回のゴール

- MySQLの設定変更ができる
- 文字セットと照合の意味を知り選択できる
- MySQLユーザ登録／削除／権限操作ができる

6-1 MySQLの設定ファイル

ここではMySQLの設定ファイルについて解説します。

6-1-1 ●/etc/my.cnfとは

MySQLの設定は、設定ファイル（オプションファイル）を用いて行います。設定ファイルは/etc/my.cnfです。フォーマットは以下のようなINI形式です。

書式

```
【グループ名】
#コメント
;コメント
オプション名
オプション名=設定値
loose-オプション名=設定値
【グループ名】
```

　行の「#」以降はコメントです(「#」の代わりに「;」も可)。グループ名には、「mysqld」など、プログラム名やグループ名を記述します。

　設定ファイルの記述は、MySQLサーバを起動する際のコマンドラインオプションに読み替えることができます。例えばオプション名を記載した場合は--オプション名、オプション名=設定値を記載した場合は--オプション名=設定値、と同じ意味になります。

　オプション名の先頭には、loose-とつけることができます(例：loose-datadir)。MySQLでは起動時に無効なオプション名が存在するとエラーになり起動に失敗しますが、設定項目名の先頭にloose-をつけることによって、loose-の後に続くオプションが存在しない場合でも起動時にエラーにより終了しないようにできます。

　loose-は、バージョン間の設定ファイル互換性を保つ目的でよく使われています。また起動後にインストールするプラグイン用の設定項目でも使用されます。

6-1-2●設定ファイルの操作

　ここでは、設定ファイルの検索、分割、変更について解説します。

◆設定ファイルの検索

　MySQLの設定ファイルは**表6.1**の上から順に探索されます。

6
時間目　MySQL運用技術の基礎知識

表6.1 設定ファイルの検索順

ファイルパス	値
/etc/my.cnf	グローバルオプション
/etc/mysql/my.cnf	グローバルオプション
SYSCONFDIR/my.cnf	グローバルオプション
$MYSQL_HOME/my.cnf	サーバ固有のオプション（サーバのみ）
--defaults-extra-file オプションで指定されたファイルパス	--defaults-extra-file オプションで指定されたファイルパス（プログラム実行時に指定した場合のみ）
~/.my.cnf	ユーザ固有のオプション
~/.mylogin.cnf	ユーザ固有のログインパスのオプション（クライアントのみ）
DATADIR/mysqld-auto.cnf	SET PERSISTまたはSET PERSIST_ONLYで永続化されたシステム変数

参考：https://dev.mysql.com/doc/refman/8.0/en/option-files.html

◆ 設定ファイルの分割

　リスト6.1のように「!include」や「!includedir」を使用すると、設定ファイルを分割することができます（なお「!includedir」でディレクトリを指定した場合は、ファイルの拡張子がcnfのファイルのみが読み込まれます）。

リスト6.1 「!include」や「!includedir」による設定例

```
!include /opt/myapp/my.cnf
!includedir /etc/my.cnf.d
```

◆ 設定ファイルの変更

　設定ファイルによる設定は、MySQLを起動した時点での内容が有効になります。そのため起動後に設定変更を行ってそれを反映したい場合は、MySQLの再起動が必要です。

　設定項目の中には、再起動なしで変更可能な設定項目があります。再起動なし（＝オンライン）で設定変更が可能な設定項目は、Dynamic Variablesとも呼ばれます。オンラインの設定変更はmysqlコマンドでMySQLに接続して行います。

　データベースの再起動はシステム全体の停止を伴うことも多く、ハードルが高い作業です。MySQLの設定は先ほど解説したDynamic Variablesが増加傾向にあり、古いバージョンでは再起動が必要だった設定項目が新しいバージョンでDynamic

Variablesに変更されていたりします。

　オンラインで設定変更を行う場合は、MySQLに接続して「SET ……」をMySQLに送ります。接続パスワードの設定と同じ方法と覚えておくとよいでしょう。

　設定が及ぶ範囲をスコープ（Scope）と呼びます。設定ファイルによる設定の影響範囲は、MySQL全体（＝Global）になります。オンラインで設定変更を行う場合は、「SET GLOBAL」でGlobalスコープの設定を行います。

　影響範囲を接続のみ（＝Session）とする場合は、「SET SESSION」でSessionスコープの設定を行うことができます。

> **Note　MySQL Shell**
>
> 　最近ではMySQL Shell（mysqlsh）というコマンドラインツールも出てきました。まだ広く使われているとは言えませんが、今後は用途が拡大していくと思われますので、その動向に注意してください。
>
> ・キーワード　MySQL Shell、Xプロトコル

6-2　システム設定の確認／変更

　ここでは、システム変数に格納されている値の確認方法について解説します。

6-2-1●設定の確認方法

◆SHOW VARIABLES

　システムの設定はシステム変数に格納されます。システム変数の現在の値は「SHOW VARIABLES」で確認できます。設定／動作状況を正確に把握しておくのはシステム運用上とても重要なことです。よく使うのでしっかり押さえておきましょう。

書式

```
SHOW スコープ VARIABLES LIKE パターン
```

スコープはGLOBALかSESSIONを指定します。どちらかを明示する癖をつけましょう。パターンはLIKEを使って「'%size%'」というように指定します。変数名がうろ覚えだったり、長い変数名をタイプミスしてうまく探せないことがありますので、積極的にLIKEを使いましょう。書式の「LIKE パターン」を省略すると、すべての変数が出力されます。

よく使うのは以下の用法です。実行結果の各列の意味は**表6.2**のとおりです。

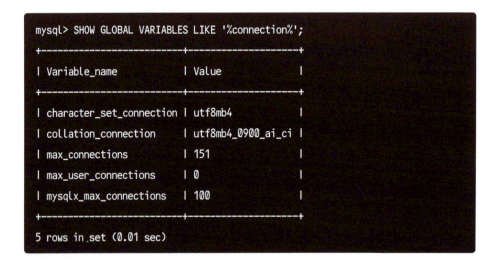

表6.2 実行結果の各列の意味

列名	値
Variable_name	変数名
Value	設定されている値

これらの情報の元ネタはMySQLにあらかじめ用意されているpeformance_schemaデータベースに格納されています。以下のテーブルが「SHOW VARIABLES」に関係するものです。

- global_variables
- session_variables
- variables_by_thread
- persisted_variables
- variables_info

Part 1 使って覚えるMySQL入門 基礎編

　この中で特にvariables_infoテーブルは面白いテーブルで、どの項目がいつ／誰によって設定されたのかを確認することができます。

　例えば以下の例では、datadirの値が/etc/my.cnf設定ファイルによって指定されていることがわかります。

```
mysql> SELECT * FROM performance_schema.variables_info WHERE VARIABLE_NAME =
'datadir'\G
*************************** 1. row ***************************
  VARIABLE_NAME: datadir
VARIABLE_SOURCE: GLOBAL
  VARIABLE_PATH: /etc/my.cnf  ← ここで確認できる
      MIN_VALUE: 0
      MAX_VALUE: 0
       SET_TIME: NULL
       SET_USER: NULL
       SET_HOST: NULL
1 row in set (0.00 sec)
```

　この実行結果における各列の意味は**表6.3**のとおりです。

表6.3 実行結果の各列の意味

列名	値
VARIABLE_NAME	変数名
VARIABLE_SOURCE	変数が決定された箇所(COMPILED／GLOBAL／DYNAMIC／COMMAND_LINE)
VARIABLE_PATH	変数のパス(設定ファイルパス)
MIN_VALUE	設定可能な最小値
MAX_VALUE	設定可能な最大値
SET_TIME	設定された日時
SET_USER	設定したユーザ
SET_HOST	設定したときの接続元

131

6時間目 MySQL運用技術の基礎知識

> **Note** information_schemaデータベース
>
> performance_schemaデータベースとよく似た名前のinformation_schemaというデータベースもあります。ここには「SHOW DATABASES」や「SHOW TABLES」の元ネタ情報が入っています。

6-2-2 ● 試してみよう（設定ファイルによる設定変更）

6-2-1で解説したシステム設定の確認を実際に行っていきましょう。

◆設定ファイルに記述して設定変更する

まず設定ファイルに記述して設定を変更してみましょう。手順は以下のとおりです。

① 変更前の設定を確認する
② MySQLを停止する
③ 設定ファイルを書き換える
④ MySQLを起動する
⑤ 変更後の設定を確認する

今回は「max_connections」を200に変更することにします。

◆変更前の設定を確認する

「SHOW GLOBAL VARIABLES」を実行して、「max_connections」の変更前の設定がperformance_schemaデータベースの「variables_info」のうち、どこで設定されているかを確認します。

```
mysql> SHOW GLOBAL VARIABLES LIKE 'max_connections';
+-----------------+-------+
| Variable_name   | Value |
+-----------------+-------+
| max_connections | 151   |   ← 変更前の値
```

（次ページに続く）

（前ページの続き）

```
+-----------------+---------+
1 row in set (0.01 sec)


mysql> SELECT * FROM performance_schema.variables_info WHERE VARIABLE_NAME = ↵
'max_connections'\G
*************************** 1. row ***************************
  VARIABLE_NAME: max_connections
VARIABLE_SOURCE: COMPILED
  VARIABLE_PATH:
      MIN_VALUE: 1
      MAX_VALUE: 100000
       SET_TIME: NULL
       SET_USER: NULL
       SET_HOST: NULL
1 row in set (0.00 sec)
```

　変更前の値は151ということが確認できました。これはコンパイル時の値（＝デフォルト）です。

◆MySQLを停止する

　設定を書き換える前にMySQLを停止します。

```
[root@db01 ~]# systemctl stop mysqld
```

◆設定ファイルを書き換える

　設定ファイルは、万が一に備えて設定ファイルのバックアップを行ってから書き換えましょう。「max_connections」は未設定ですので設定ファイルに追記します。

```
[root@db01 ~]# cp /etc/my.cnf /etc/my.cnf.save
[root@db01 ~]# echo 'max_connections=200' | tee -a /etc/my.cnf
```

◆MySQLを起動する

設定書き換え後にMySQLを起動します。

```
[root@db01 ~]# systemctl start mysqld
```

◆変更後の設定を確認する

再び「SHOW GLOBAL VARIABLES」を実行して、「max_connections」の変更前の設定がperformance_schemaデータベースの「variables_info」のうち、どこで設定されているかを確認します。

```
mysql> SHOW GLOBAL VARIABLES LIKE 'max_connections';
+-----------------+-------+
| Variable_name   | Value |
+-----------------+-------+
| max_connections | 200   |   ← 変更後の値
+-----------------+-------+
1 row in set (0.00 sec)

mysql> SELECT * FROM performance_schema.variables_info WHERE VARIABLE_NAME = ↲
'max_connections'\G
*************************** 1. row ***************************
  VARIABLE_NAME: max_connections
VARIABLE_SOURCE: GLOBAL
  VARIABLE_PATH: /etc/my.cnf
      MIN_VALUE: 1
      MAX_VALUE: 100000
       SET_TIME: NULL
       SET_USER: NULL
       SET_HOST: NULL
1 row in set (0.01 sec)
```

値が200に変更されており、VARIABLE_SOURCEがCOMPILEDからGLOBALに、VARIABLE_PATHが空白から/etc/my.cnfに変わっています。/etc/my.cnfでの設定が反映されていることが確認できました。

6-3 オンラインで設定変更する

6-3-1 ◉試してみよう（グローバルスコープのシステム変数を変更する）

次はオンラインでグローバルスコープのシステム変数を変更してみます。手順は以下のとおりです。

① 変更前の設定を確認する
② 設定変更を実施する
③ 変更後の設定を確認する
④ MySQLを再起動する
⑤ 再起動後の設定を確認する

今回はmax_connectionsを250に変更することにしましょう。

◆変更前の設定を確認する

まずは「SHOW GLOBAL VARIABLES」で変更前の設定を、performance_schemaのvariables_infoで、どこで設定されているかを確認します。実行例は以下のとおりです。

```
mysql> SHOW GLOBAL VARIABLES LIKE 'max_connections';
+-----------------+-------+
| Variable_name   | Value |
+-----------------+-------+
| max_connections | 200   |
+-----------------+-------+
1 row in set (0.00 sec)

mysql> SELECT * FROM performance_schema.variables_info WHERE VARIABLE_NAME =
'max_connections'\G
*************************** 1. row ***************************
```

（次ページに続く）

6
時間目 MySQL運用技術の基礎知識

（前ページの続き）

```
    VARIABLE_NAME: max_connections
  VARIABLE_SOURCE: GLOBAL
    VARIABLE_PATH: /etc/my.cnf
        MIN_VALUE: 1
        MAX_VALUE: 100000
         SET_TIME: NULL
         SET_USER: NULL
         SET_HOST: NULL
1 row in set (0.00 sec)
```

前項で/etc/my.cnfに設定した値が有効になっています。

◆設定変更を実施する

「SET GLOBAL」で値を設定します。実行例は以下のとおりです。

```
mysql> SET GLOBAL max_connections=250;
Query OK, 0 rows affected (0.00 sec)
```

◆変更後の設定を確認する

再び「SHOW GLOBAL VARIABLES」で変更前の設定を、performance_schema の variables_infoで、どこで設定されているかを確認します。実行例は以下のとおりです。

```
mysql> SHOW GLOBAL VARIABLES LIKE 'max_connections';
+-----------------+-------+
| Variable_name   | Value |
+-----------------+-------+
| max_connections | 250   |
+-----------------+-------+
1 row in set (0.01 sec)
```

（次ページに続く）

136

Part 1 使って覚えるMySQL入門 基礎編

（前ページの続き）

```
mysql> SELECT * FROM performance_schema.variables_info WHERE VARIABLE_NAME = ↵
'max_connections'\G
*************************** 1. row ***************************
  VARIABLE_NAME: max_connections
VARIABLE_SOURCE: DYNAMIC
  VARIABLE_PATH:
      MIN_VALUE: 1
      MAX_VALUE: 100000
       SET_TIME: 2019-06-20 12:34:17.165054
       SET_USER: root
       SET_HOST: localhost
1 row in set (0.00 sec)
```

　設定値が250になりました。VARIABLE_SOURCEがGLOBALからDYNAMICに、SET_USERがNULLからrootに、SET_HOSTがNULLからlocalhostに変わっています。rootユーザがlocalhostから接続し、DYNAMICに変更したものが反映されていることが確認できます。

◆MySQLを再起動する

　ここで試しにMySQLを再起動してみます。

```
[root@db01 ~]# systemctl restart mysqld
```

◆再起動後の設定を確認する

　みたび「SHOW GLOBAL VARIABLES」で変更前の設定を、performance_schemaのvariables_infoで、どこで設定されているかを確認します。実行例は以下のとおりです。

```
mysql> SHOW GLOBAL VARIABLES LIKE 'max_connections';
+-----------------+-------+
| Variable_name   | Value |
+-----------------+-------+
| max_connections | 200   |
+-----------------+-------+
1 row in set (0.01 sec)

mysql> SELECT * FROM performance_schema.variables_info WHERE VARIABLE_NAME = ↲
'max_connections'\G
*************************** 1. row ***************************
  VARIABLE_NAME: max_connections
VARIABLE_SOURCE: GLOBAL
  VARIABLE_PATH: /etc/my.cnf
      MIN_VALUE: 1
      MAX_VALUE: 100000
       SET_TIME: NULL
       SET_USER: NULL
       SET_HOST: NULL
1 row in set (0.01 sec)
```

　DYNAMICでの設定値は失われ、/etc/my.cnfでの設定値になっていることが確認できます。このようにオンライン設定変更は即座に反映されますが、永続化されないため再起動で元に戻ります。

6-3-2●試してみよう（セッションスコープのシステム変数を変更する）

　次はオンラインでセッションスコープのシステム変数を変更してみます。手順は以下のとおりです。

① 変更前の設定を確認する
② 設定の変更を実施する
③ 変更後の設定を確認する

今回はmax_execution_timeを1000（msec）にしてみましょう。

◆ 変更前の設定を確認する

まずは「SHOW GLOBAL VARIABLES」、「SHOW SESSION VARIABLES」で変更前の設定を、performance_schemaのvariables_infoで、どこで設定されているかを確認します。max_execution_timeは長いので途中で切って楽をしてみます。実行例は以下のとおりです。

```
mysql> SHOW GLOBAL VARIABLES LIKE 'max_ex%';
+--------------------+-------+
| Variable_name      | Value |
+--------------------+-------+
| max_execution_time | 0     |
+--------------------+-------+
1 row in set (0.01 sec)

mysql> SHOW SESSION VARIABLES LIKE 'max_ex%';
+--------------------+-------+
| Variable_name      | Value |
+--------------------+-------+
| max_execution_time | 0     |
+--------------------+-------+
1 row in set (0.00 sec)

mysql> SELECT * FROM performance_schema.variables_info WHERE VARIABLE_NAME ↲
LIKE "max_ex%"\G
*************************** 1. row ***************************
  VARIABLE_NAME: max_execution_time
VARIABLE_SOURCE: COMPILED
  VARIABLE_PATH:
      MIN_VALUE: 0
      MAX_VALUE: 18446744073709551615
```

（次ページに続く）

139

（前ページの続き）

```
        SET_TIME: NULL
        SET_USER: NULL
        SET_HOST: NULL
1 row in set (0.01 sec)
```

　グローバルスコープ、セッションスコープともに値は0でデフォルト値だということがわかります。

◆ 設定変更を実施する

　「SET SESSION」で値を設定します。実行例は以下のとおりです。

```
mysql> SET SESSION max_execution_time=1000;
Query OK, 0 rows affected (0.00 sec)
```

　「SET SESSION」したあとログアウトせずそのまま次に進んでください。

◆ 変更後の設定を確認する

　ふたたび「SHOW GLOBAL VARIABLES」、「SHOW SESSION VARIABLES」で変更前の設定を、performance_schemaのvariables_infoで、どこで設定されているかを確認します。

　実行例は以下のとおりです。

```
mysql> SHOW GLOBAL VARIABLES LIKE 'max_ex%';
+--------------------+-------+
| Variable_name      | Value |
+--------------------+-------+
| max_execution_time | 0     |
+--------------------+-------+
```

（次ページに続く）

Part 1 使って覚えるMySQL入門 基礎編

（前ページの続き）

```
1 row in set (0.01 sec)

mysql> SHOW SESSION VARIABLES LIKE 'max_ex%';
+-------------------+-------+
| Variable_name     | Value |
+-------------------+-------+
| max_execution_time | 1000  |
+-------------------+-------+
1 row in set (0.00 sec)

mysql> SELECT * FROM performance_schema.variables_info WHERE VARIABLE_NAME
LIKE "max_ex%"\G
*************************** 1. row ***************************
  VARIABLE_NAME: max_execution_time
VARIABLE_SOURCE: DYNAMIC
  VARIABLE_PATH:
      MIN_VALUE: 0
      MAX_VALUE: 18446744073709551615
       SET_TIME: 2019-06-20 12:37:22.493355
       SET_USER: root
       SET_HOST: localhost
1 row in set (0.00 sec)
```

　グローバルスコープの値は変わらず、セッションスコープの値は変更されていることが確認できます。また値がDYNAMICに設定されたことがわかります。
　一度MySQLから切断し再度接続して「SHOW SESSION VARIABLES」してみましょう。実行例は以下のとおりです。

```
mysql> SHOW SESSION VARIABLES LIKE 'max_ex%';
+--------------------+-------+
| Variable_name      | Value |
+--------------------+-------+
| max_execution_time | 0     |
+--------------------+-------+
1 row in set (0.00 sec)
```

　一度MySQLから切断したため、セッションが別になりました。セッションスコープの設定値は、別セッションに影響していないことが確認できます。

◆ 設定と同時に永続化する

　「SET PERSIST」を使うとデータディレクトリ直下のmysqld-auto.cnfに記録し永続化することができます。設定ファイル群とは離れた場所にある別ファイルなので見落としやすく、罠になりがちです。慎重に利用しましょう。

```
mysql> SHOW GLOBAL VARIABLES LIKE 'max_connections';
+-----------------+-------+
| Variable_name   | Value |
+-----------------+-------+
| max_connections | 200   |
+-----------------+-------+
1 row in set (0.00 sec)

mysql> SET PERSIST max_connections=300;
Query OK, 0 rows affected (0.00 sec)

mysql> SHOW GLOBAL VARIABLES LIKE 'max_connections';
+-----------------+-------+
| Variable_name   | Value |
+-----------------+-------+
```

（次ページに続く）

（前ページの続き）

```
| max_connections | 300   |
+-----------------+-------+
1 row in set (0.00 sec)

mysql> SELECT * FROM performance_schema.variables_info WHERE VARIABLE_ ↵
NAME='max_connections'\G
*************************** 1. row ***************************
  VARIABLE_NAME: max_connections
VARIABLE_SOURCE: DYNAMIC
  VARIABLE_PATH:
      MIN_VALUE: 1
      MAX_VALUE: 100000
       SET_TIME: 2019-06-20 12:39:08.745031
       SET_USER: root
       SET_HOST: localhost
1 row in set (0.01 sec)
```

この後mysqldを再起動しperformance_schema.variables_infoを確認すると、永続化された設定が読み込まれていることがわかります。

```
mysql> SELECT * FROM performance_schema.variables_info WHERE VARIABLE_ ↵
NAME='max_connections'\G
*************************** 1. row ***************************
  VARIABLE_NAME: max_connections
VARIABLE_SOURCE: PERSISTED
  VARIABLE_PATH: /var/lib/mysql/mysqld-auto.cnf
      MIN_VALUE: 1
      MAX_VALUE: 100000
       SET_TIME: 2019-06-20 12:39:08.744938
       SET_USER: root
       SET_HOST: localhost
1 row in set (0.01 sec)
```

6-4 rootパスワードのリセット

6-4-1●rootパスワードがわからなくなった場合

rootパスワードを忘れてしまったり、設定したはずが正しく設定できていないため、ログインできなくなることがあります。このような状況に対処できるよう、rootパスワードのリセット方法を把握しておきましょう。

MySQLのrootパスワードがわからなくなった場合は、skip-grant-tablesを設定します。skip-grant-tablesを設定して起動すると、MySQLの認証を無効化できます。

ただし認証の無効化という大変危険な状態になりますので、skip-grant-tablesの設定を行った場合は、skip-networking（ネットワークからの接続を受け付けない）も自動的に設定されます。

skip-grant-tablesの状態でMySQLにソケット経由でログインし、「FLUSH PRIVILEGES」を実行してから「ALTER USER」を実行することでパスワードを変更できます。

書式

```
FLUSH PRIVILEGES;
ALTER USER "root"@"localhost" IDENTIFIED BY "新しいパスワード";
```

6-4-2●試してみよう

rootパスワードをリセットする手順は以下のとおりです。

① MySQLを停止する（1回目）
② 設定ファイルを書き換える
③ MySQLを起動する（1回目）
④ パスワードを変更する
⑤ MySQLを停止する（2回目）
⑥ 設定ファイルを書き換える
⑦ MySQLを起動する（2回目）
⑧ 動作確認を行う

Part 1 使って覚えるMySQL入門 基礎編

◆MySQLを停止する（1回目）

まずMySQLを停止します。

```
[root@db01 ~]# systemctl stop mysqld
```

◆設定ファイルを書き換える

次にバックアップを取得してから設定ファイルを書き換えます。「skip-grant-tables」を設定ファイル/etc/my.cnfに追記します。

```
[root@db01 ~]# cp -f /etc/my.cnf /etc/my.cnf.save
[root@db01 ~]# echo "skip-grant-tables" | tee -a /etc/my.cnf
```

◆MySQLを起動する（1回目）

設定ファイルを書き換えた後はMySQLを起動します。

```
[root@db01 ~]# systemctl start mysqld
```

◆パスワードを変更する

パスワードを変更します。このときMySQLへはネットワーク経由ではなく、ソケット経由で接続しています。

```
[root@db01 ~]# mysql --user=root
略
mysql> FLUSH PRIVILEGES;
Query OK, 0 rows affected (0.01 sec)

mysql> ALTER USER "root"@"localhost" IDENTIFIED BY "My-new-p@ssw0rd2";
Query OK, 0 rows affected (0.18 sec)
```

145

◆MySQLを停止する（2回目）

再びMySQLを停止します。

```
[root@db01 ~]# systemctl stop mysqld
```

◆設定ファイルを書き換える

設定ファイルをバックアップから差し戻します。

```
[root@db01 ~]# mv -f /etc/my.cnf.save /etc/my.cnf
```

◆MySQLを起動する（2回目）

MySQLを起動します。

```
[root@db01 ~]# systemctl start mysqld
```

◆動作確認を行う

変更したパスワードでログインできることを確認します。実行例は以下のとおりです。「Enter password:」が表示されたら、先ほど「ALTER USER」を実行した際に指定したパスワードを入力します。

```
[root@db01 ~]# mysql --user=root --password
Enter password:
略
mysql>   ← ログインできた
```

6-5 文字化け対策

文字化けは、**図**6.1のような保存／読み取りの過程で発生します。

図6.1 文字の保存

文字（馬）
→ コードポイント（U+XXX）
→ ビット列（01011...）
→ コードポイント
→ 文字

　文字 <=> コードポイントはUnicodeの守備範囲（符号化文字集合 = Coded Character Set）、コードポイント <=> ビット列はUTF-8やUTF-16などの守備範囲（文字エンコーディング／文字符号化方式 = Character Encoding（Scheme））です。MySQLでは後者を「CHARACTER SET(文字セット)」で指定し、入力時と出力時の処理を統一することによって、データを格納する際や取り出す際に矛盾なく元に戻すことができるようになります。

　MySQL8.0より前のバージョンのデフォルトCHARACTER SETはlatin1（Latin-1）でしたが、MySQL 8.0からutf8mb4（UTF-8）になりました。

This release makes several important changes in Unicode character set support. In particular, the default character set has changed from latin1 to utf8mb4.
出典：https://dev.mysql.com/doc/relnotes/mysql/8.0/en/news-8-0-1.html

Note　デフォルトCHARACTER SETの変更

ソフトウェア全般において、以前は「ソフトウェアはシングルバイト圏で作られるため、日本語などのマルチバイト文字への対応が考慮されにくい」という傾向がありましたが、世界的に絵文字が流行したことで状況が一変しました。MySQL 8.0からデフォルトCHARACTER SETがlatin1からutf8mb4（UTF-8）に変更になったのはこのような事情があるのかもしれません。

6-6　データを探すときに大事な照合

6-6-1 ● 照合とは

照合（COLLATE/COLLATION）とは、何と何を同じと判断するかというルールのことです。設定によって以下のようなケースをどのように扱うかが変わってきます。

- 大文字小文字（Aとa）
- 全角半角（０と0）
- 拗音（キャノンとキヤノン）
- ウムラウト（ドイツ語などで利用されている母音交換を表す記号）の有無

MySQL 8.0のデフォルト照合ルールはutf8mb4_0900_ai_ciです。意味は以下のとおりです。

- utf8mb4：データをutf8mb4として扱う
- 0900：Unicode 9.0
- ai：アクセントを区別しない（accent insensitive）
- ci：大文字／小文字を区別しない（case insensitive）

扱うデータが日本語である場合は、utf8mb4_ja_0900_as_csが割と無難です。

- utf8mb4：データをutf8mb4として扱う
- ja：日本語（Japanese）

Part 1
使って覚えるMySQL入門　基礎編

- 0900：Unicode 9.0
- as：アクセントを区別する（accent sensitive）
- cs：大文字／小文字を区別する（case sensitive）

6-6-2●試してみよう

照合は、データベース作成時、テーブル作成時などに「CREATE DATABASE …… COLLATE utf8mb4_ja_0900_as_cs」というように、COLLATEを使用して照合ルールを指定し、その後「USE データベース名」などを実行します。

書式

> CREATE DATABASE データベース名 COLLATE 照合

リスト6.2のクエリを実行して、何と何が同じに扱われるか確認してみましょう。同じに扱われた場合は1、別に扱われた場合は0となります。

リスト6.2 サンプルクエリ

```
CREATE TABLE haha (id int AUTO_INCREMENT primary key, c VARCHAR(255));
INSERT INTO  haha (c) VALUES ("はは"), ("ばば"), ("ぱぱ"), ("ハハ"), ("バ バ"), ↲
("パ パ"), ("ハハ"), ("ババ"), ("パパ");
SELECT
    c, c="はは", c="ばば", c="ぱぱ", c="ハハ", c="バ バ", c="パ パ", c="ハハ", ↲
c="ババ", c="パパ"
FROM haha ORDER BY id;
CREATE TABLE uuuu (id int AUTO_INCREMENT primary key, c VARCHAR(255));
INSERT INTO  uuuu (c) VALUES ("う"), ("ぅ"), ("ず"), ("ず "), ("ウ"), ("ゥ"), ↲
("ヴ"), ("ゥ "), ("ウ"), ("ゥ"), ("ヴ "), ("ゥ ");
SELECT
    c, c="う", c="ぅ", c="ず", c="ず ", c="ウ", c="ゥ", c="ヴ", c="ゥ ", ↲
c="ウ", c="ゥ", c="ヴ ", c="ゥ "
FROM uuuu ORDER by id;
```

（次ページに続く）

149

6
時間目　MySQL運用技術の基礎知識

（前ページの続き）

```
CREATE TABLE aaaa (id int AUTO_INCREMENT primary key, c VARCHAR(255));
INSERT INTO aaaa (c) VALUES ("a"), ("A"), ("a"), ("A");
SELECT
    c, c="a", c="A", c="a", c="A"
FROM aaaa ORDER by id;


CREATE TABLE emoji (id int AUTO_INCREMENT primary key, c VARCHAR(255));
INSERT INTO emoji (c) VALUES ("🍣");
INSERT INTO emoji (c) VALUES ("🍙");
SELECT c, c="🍣", c="🍙" FROM emoji ORDER BY id;
```

◆ utf8mb4_0900_ai_ci

まずはMySQL 8.0のデフォルトであるutf8mb4_0900_ai_ciです。

- utf8mb4：データをutf8mb4として扱う
- 0900：Unicode 9.0
- ai：アクセントを区別しない（accent insensitive）
- ci：大文字／小文字を区別しない（case insensitive）

リスト6.3のクエリを実行してデータベースを作成した上で、**リスト6.2**のクエリを実行します。

`リスト6.3` utf8mb4_0900_ai_ciのサンプルクエリ

```
CREATE DATABASE d_utf8mb4_900_ai_ci;
USE d_utf8mb4_900_ai_ci;
```

結果は**表6.4**〜**表6.7**のとおりです。結果が重複している個所は「xxxx」と表示しています。ほとんどは同じに扱われますが、全角濁音／半濁音が続いた場合は、1文字ではなく2文字と見なされるため別扱いとなっています。

表6.4 サンプルクエリの実行結果（その1）

x	はは	ばば	ぱぱ	ﾊﾊ	ﾊﾞﾊﾞ	ﾊﾟﾊﾟ	ハハ	ババ	パパ
はは	同じ	同じ	同じ	同じ	同じ	同じ	同じ	同じ	同じ
ばば	—	同じ	同じ	同じ	同じ	同じ	同じ	同じ	同じ
ぱぱ	—	—	同じ	同じ	同じ	同じ	同じ	同じ	同じ
ﾊﾊ	—	—	—	同じ	同じ	同じ	同じ	同じ	同じ
ﾊﾞﾊﾞ	—	—	—	—	同じ	同じ	同じ	同じ	同じ
ﾊﾟﾊﾟ	—	—	—	—	—	同じ	同じ	同じ	同じ
ハハ	—	—	—	—	—	—	同じ	同じ	同じ
ババ	—	—	—	—	—	—	—	同じ	同じ
パパ	—	—	—	—	—	—	—	—	同じ

表6.5 サンプルクエリの実行結果（その2）

x	う	ぅ	ゔ	ゔ゙	ウ	ゥ	ヴ	ヴ゙	ｳ	ｩ	ｳﾞ	ｳﾞﾟ
う	同じ	同じ	同じ	別	同じ	同じ	同じ	別	同じ	同じ	同じ	同じ
ぅ	—	同じ	同じ	別	同じ	同じ	同じ	別	同じ	同じ	同じ	同じ
ゔ	—	—	同じ	別	同じ	同じ	同じ	別	同じ	同じ	同じ	同じ
ゔ゙	—	—	—	同じ	別	別	別	同じ	別	別	別	別
ウ	—	—	—	—	同じ	同じ	同じ	別	同じ	同じ	同じ	同じ
ゥ	—	—	—	—	—	同じ	同じ	別	同じ	同じ	同じ	同じ
ヴ	—	—	—	—	—	—	同じ	別	同じ	同じ	同じ	同じ
ヴ゙	—	—	—	—	—	—	—	同じ	別	別	別	別
ｳ	—	—	—	—	—	—	—	—	同じ	同じ	同じ	同じ
ｩ	—	—	—	—	—	—	—	—	—	同じ	同じ	同じ
ｳﾞ	—	—	—	—	—	—	—	—	—	—	同じ	同じ
ｳﾞﾟ	—	—	—	—	—	—	—	—	—	—	—	同じ

表6.6 サンプルクエリの実行結果（その3）

x	a	Ａ	ａ	A
a	同じ	同じ	同じ	同じ
A	—	同じ	同じ	同じ
a	—	—	同じ	同じ
A	—	—	—	同じ

6
時間目 | MySQL運用技術の基礎知識

表6.7 サンプルクエリの実行結果（その4）

x	🍥	🍚
🍥	同じ	別
🍚	—	同じ

「はは＝ばば＝ぱぱ＝ハハ＝ババ＝パパ」なので、我が家では誰のことを指しているのか全くわからない状態になります。

◆ utf8mb4_ja_0900_as_cs

次はMySQL 8.0で日本語用に登場したutf8mb4_ja_0900_as_csです。

- utf8mb4：データをutf8mb4として扱う
- ja：日本語（Japanese）
- 0900：Unicode 9.0
- as：アクセントを区別する（accent sensitive）
- cs：大文字／小文字を区別する（case sensitive）

リスト6.4のクエリを実行してデータベースを作成した上で、**リスト6.2**のクエリを実行します。

リスト6.4 utf8mb4_ja_0900_as_csのサンプルクエリ

```
CREATE DATABASE d_utf8mb4_ja_0900_as_cs COLLATE utf8mb4_ja_0900_as_cs;
USE d_utf8mb4_ja_0900_as_cs;
```

結果は**表6.8**〜**表6.11**のとおりです。結果が重複している個所は「xxxx」と表示しています。日常の文字感覚に近い気がします。

表6.8 サンプルクエリの実行結果（その1）

x	はは	ばば	ぱぱ	ハハ	バ゛バ゛	パ゜パ゜	ハハ	ババ	パパ
はは	同じ	別	別	同じ	別	別	同じ	別	別
ばば	—	同じ	別	別	別	別	別	同じ	別
ぱぱ	—	—	同じ	別	別	別	別	別	同じ
ハハ	—	—	—	同じ	別	別	同じ	別	別

152

バ パ	—	—	—	—	同じ	別	別	別	別
バ パ	—	—	—	—	—	同じ	別	別	別
ハ ハ	—	—	—	—	—	—	同じ	別	別
バ バ	—	—	—	—	—	—	—	同じ	別
パ パ	—	—	—	—	—	—	—	—	同じ

表6.9 サンプルクエリの実行結果（その2）

x	a	A	a	A
a	同じ	別	同じ	別
A	—	同じ	別	同じ
a	—	—	同じ	別
A	—	—	—	同じ

表6.10 サンプルクエリの実行結果（その3）

x	a	A	a	A
a	同じ	別	同じ	別
A	—	同じ	別	同じ
a	—	—	同じ	別
A	—	—	—	同じ

表6.11 サンプルクエリの実行結果（その4）

x	🍣	🍺
🍣	同じ	別
🍺	—	同じ

◆utf8mb4_bin

次は文字をバイト列で厳密に比較するutf8mb4_binです。

- utf8mb4：データをutf8mb4として扱う
- bin：バイト列で比較する

リスト6.5のクエリを実行してデータベースを作成した上で、**リスト6.2**のクエリを実行します。

6時間目 MySQL運用技術の基礎知識

リスト6.5 サンプルクエリ

```
CREATE DATABASE d_utf8mb4_bin COLLATE utf8mb4_bin;
USE d_utf8mb4_bin;
```

結果は**表6.12**～**表6.15**のとおりです。結果が重複している個所は「xxxx」と表示しています。utf8mb4_binが厳密にバイト列で比較することから、少しでも異なる文字はすべて別で扱われています。

表6.12 サンプルクエリの実行結果（その1）

x	はは	ばば	ぱぱ	ハハ	バ゛バ	パ゛パ	ハハ	ババ	パパ
はは	同じ	別	別	別	別	別	別	別	別
ばば	—	同じ	別	別	別	別	別	別	別
ぱぱ	—	—	同じ	別	別	別	別	別	別
ハハ	—	—	—	同じ	別	別	別	別	別
バ゛バ	—	—	—	—	同じ	別	別	別	別
パ゛パ	—	—	—	—	—	同じ	別	別	別
ハハ	—	—	—	—	—	—	同じ	別	別
ババ	—	—	—	—	—	—	—	同じ	別
パパ	—	—	—	—	—	—	—	—	同じ

表6.13 サンプルクエリの実行結果（その2）

x	う	ぅ	づ	ゔ	ウ	ゥ	ヴ	ヴ゛	ｳ	ｳﾞ
う	同じ	別	別	別	別	別	別	別	別	別
ぅ	—	同じ	別	別	別	別	別	別	別	別
づ	—	—	同じ	別	別	別	別	別	別	別
ゔ	—	—	—	同じ	別	別	別	別	別	別
ウ	—	—	—	—	同じ	別	別	別	別	別
ゥ	—	—	—	—	—	同じ	別	別	別	別
ヴ	—	—	—	—	—	—	同じ	別	別	別
ヴ゛	—	—	—	—	—	—	—	同じ	別	別
ｳ	—	—	—	—	—	—	—	—	同じ	別
ｳﾞ	—	—	—	—	—	—	—	—	—	同じ

ヴ	—	—	—	—	—	—	—	—	—	同じ	別
ヴ	—	—	—	—	—	—	—	—	—	—	同じ

表6.14 サンプルクエリの実行結果（その3）

x	a	A	a	A
a	同じ	別	別	別
A	—	同じ	別	別
a	—	—	同じ	別
A	—	—	—	同じ

表6.15 サンプルクエリの実行結果（その4）

x	🍙	🍶
🍙	同じ	別
🍶	—	同じ

　全く気が利かないともいえますが、コンピュータが厳密に比較することを念頭に置けばutf8mb4_binが一番シンプルです。

6-7　セキュリティとアクセス権限管理

6-7-1●MySQLにおけるセキュリティとは

　MySQLにおけるセキュリティとは、MySQLが守備範囲にしているセキュリティと、その範囲外のセキュリティの2つに分けられます。

　大前提として、セキュリティは創意工夫で担保するものではなく、確立された対象／手法を適切に実施する、言い換えるとやるべきことを抜けや漏れがなく実施し続けることで実現するものです。

　MySQLのドキュメントにガイドラインがありますので、これを沿った形でMySQLのセキュリティを実現していきましょう。

- MySQL :: MySQL 8.0 Reference Manual :: 6.1.1 Security Guidelines
  https://dev.mysql.com/doc/refman/8.0/en/security-guidelines.html

このドキュメントの概要は以下のとおりです。

- **rootユーザ以外にmysqlデータベースのuserテーブルへのアクセス権限を付与しない**
  - MySQLではユーザ管理情報をmysqlという名前のデータベースのuserという名前のテーブルに保持している
- **MySQLのアクセス権限の仕組みを学習する**
  - GRANT、REVOKE文で権限を管理する
  - 与える権限は最小にする
  - 接続元がどこであっても許可する設定を利用しない
- 平文のパスワードを利用しない。SHA2などの単方向ハッシュを利用する
- レインボーテーブルによる解析に対抗するために、ハッシュを適用するときにソルトを利用する (hash(hash(password) + salt))
- パスワード解析を避けるために辞書にある単語を使わない
- ファイアウォールに投資すると攻撃の50%は防げると思われるので、MySQLをファイアウォールの配下に置く
- MySQLにアクセスするアプリケーションはユーザから受け取るデータを信用しないよう、適切に防衛的プログラミングを行う (https://dev.mysql.com/doc/refman/8.0/en/secure-client-programming.html)
- インターネット上を通すときは必ずSSLかSSHで経路を暗号化する

6-7-2 ● ユーザごとのアクセス権限管理

アクセス権限管理とは、ユーザ／接続元の組み合わせに対して操作対象／操作内容の許可を与える仕組みです。ユーザを作成する場合は「CREATE USER」、ユーザを削除する場合は「DROP USER」を実行します。

書式

```
CREATE USER ユーザ名@接続元 IDENTIFIED BY パスワード
```

権限は「GRANT」で付与、「REVOKE」で剥奪です。「SHOW GRANTS」で権限を確認することができます。

書式

```
GRANT 操作内容 ON 操作対象 TO ユーザ@接続元
```

操作内容に指定可能な主なものは**表6.16**のとおりです。権限ごとに、付与可能な対象としてGlobal（全体）、database（データベース）、table（テーブル）、column（列）などがあります。

表6.16 主な操作内容

特権：USAGE	意味／付与可能レベル	レベル
ALL [PRIVILEGES]	GRANT OPTIONとPROXY以外のすべて	
ALTER	ALTER TABLEができる	Global、database、table
CREATE	データベースやテーブルなどを作成できる	Global、database、table
CREATE USER	CREATE USER、DROP USER、RENAME USER、REVOKE ALL PRIVILEGESができる	Global
DELETE	DELETEができる	Global、database、table
DROP	データベースやテーブルなどを削除できる	Global、database、table
INDEX	インデックスを作成／削除できる	Global、database、table
INSERT	INSERTができる	Global、database、table、column
LOCK TABLES	LOCK TABLESができる（SELECTがあれば）	Global、database
PROCESS	SHOW PROCESSLISTができる	Global
SELECT	SELECTができる	Global、database、table、column
SHOW DATABASES	SHOW DATABASESができる	Global
SUPER	管理者が行う操作を実行できる	Global
UPDATE	UPDATEができる	Global、database、table、column

・**（参考）** Table 13.11 Permissible Static Privileges for GRANT and REVOKE
　　https://dev.mysql.com/doc/refman/8.0/en/grant.html

　ユーザは人やシステムごとに作成します。本書ではここまではrootを便利に使っていましたが、rootは特権ユーザという何でもできるユーザであるため、実運用でそのまま使うことはやめましょう。

　以下の実行結果のとおり、localhostから接続したrootユーザは、いろいろなことが「*.*」（データベース名.テーブル名の表記で、今回はどちらも*（すべて））に対して可能です。

```
mysql> SHOW GRANTS\G
*************************** 1. row ***************************
Grants for root@localhost: GRANT SELECT, INSERT, UPDATE, DELETE, CREATE, DROP,
RELOAD, SHUTDOWN, PROCESS, FILE, REFERENCES, INDEX, ALTER, SHOW DATABASES, SUPER,
CREATE TEMPORARY TABLES, LOCK TABLES, EXECUTE, REPLICATION SLAVE, REPLICATION
CLIENT, CREATE VIEW, SHOW VIEW, CREATE ROUTINE, ALTER ROUTINE, CREATE USER,
EVENT, TRIGGER, CREATE TABLESPACE, CREATE ROLE, DROP ROLE ON *.* TO
`root`@`localhost` WITH GRANT OPTION
*************************** 2. row ***************************
Grants for root@localhost: GRANT APPLICATION_PASSWORD_ADMIN,BACKUP_ADMIN,BINLOG_
ADMIN,BINLOG_ENCRYPTION_ADMIN,CONNECTION_ADMIN,ENCRYPTION_KEY_ADMIN,GROUP_
REPLICATION_ADMIN,PERSIST_RO_VARIABLES_ADMIN,REPLICATION_SLAVE_ADMIN,RESOURCE_
GROUP_ADMIN,RESOURCE_GROUP_USER,ROLE_ADMIN,SERVICE_CONNECTION_ADMIN,SESSION_
VARIABLES_ADMIN,SET_USER_ID,SYSTEM_USER,SYSTEM_VARIABLES_ADMIN,TABLE_ENCRYPTION_
ADMIN,XA_RECOVER_ADMIN ON *.* TO `root`@`localhost` WITH GRANT OPTION
*************************** 3. row ***************************
Grants for root@localhost: GRANT PROXY ON ''@'' TO 'root'@'localhost' WITH GRANT
OPTION
3 rows in set (0.00 sec)
```

Note: rootは定番の特権管理者用ユーザ名

LinuxなどのOSにおいてもrootが特権ユーザです。rootは根っこという意味で、すべての根幹になっています。

6-7-3 ◉ 試してみよう

次の条件でユーザごとのアクセス権限管理を実際に試してみましょう。

- 新しいデータベース term06db を作成する
- localhost から接続するユーザ term06user1、ユーザ term06user2 を作成する。パスワードはいずれも d@y06p@ssw0rd

Part 1 使って覚えるMySQL入門 基礎編

- ユーザ term06user1 に term06db データベースに対するすべての操作権限を付与する
- ユーザ term06user1 が term06db データベースに example テーブルを作成する
- ユーザ term06user1 は example テーブルを閲覧／更新可能、term06user2 は閲覧のみ可能であることを確認する

アクセス権限管理のためのクエリが**リスト6.6**となります。

リスト6.6 アクセス権限管理のためのクエリ

```
rootユーザにて
CREATE DATABASE term06db;
CREATE USER 'term06user1'@'localhost' IDENTIFIED BY 'd@y06P@ssw0rd';
CREATE USER 'term06user2'@'localhost' IDENTIFIED BY 'd@y06P@ssw0rd';
GRANT ALL ON term06db.* TO 'term06user1'@'localhost';
GRANT SELECT ON term06db.* TO 'term06user2'@'localhost';
```

ユーザ term06user1 で再接続します。

```
[root@db01 ~]# mysql -u term06user1 -p term06db
Enter password:
略
mysql> SHOW GRANTS;
+---------------------------------------------------------------------+
| Grants for term06user1@localhost                                    |
+---------------------------------------------------------------------+
| GRANT USAGE ON *.* TO `term06user1`@`localhost`                     |
| GRANT ALL PRIVILEGES ON `term06db`.* TO `term06user1`@`localhost`   |
+---------------------------------------------------------------------+
2 rows in set (0.00 sec)
```

実行例は以下のとおりです。

159

6
時間目 MySQL運用技術の基礎知識

```
mysql>    ← term06user1ユーザでログインした状態で実行
mysql> CREATE TABLE example (id INT);
Query OK, 0 rows affected (0.02 sec)

mysql> INSERT INTO example VALUES (1);
Query OK, 1 row affected (0.00 sec)

mysql> INSERT INTO example VALUES (2);
Query OK, 1 row affected (0.01 sec)

mysql> INSERT INTO example VALUES (3);
Query OK, 1 row affected (0.00 sec)

mysql> SELECT * FROM example;
+------+
| id   |
+------+
|    1 |
|    2 |
|    3 |
+------+
3 rows in set (0.00 sec)
```

ユーザterm06user2で再接続します。

```
[root@db01 ~]# mysql -u term06user2 -p term06db
Enter password:
略
mysql> SHOW GRANTS;
+----------------------------------------------------------+
| Grants for term06user2@localhost                         |
```

（次ページに続く）

160

（前ページの続き）

```
+-----------------------------------------------------------------+
| GRANT USAGE ON *.* TO `term06user2`@`localhost`                 |
| GRANT SELECT ON `term06db`.* TO `term06user2`@`localhost`       |
+-----------------------------------------------------------------+
2 rows in set (0.00 sec)
```

実行例は以下のとおりです。

```
mysql>    ←─ term06user2ユーザでログインした状態で実行
mysql> SELECT * FROM example;
+------+
| id   |
+------+
|    1 |
|    2 |
|    3 |
+------+
3 rows in set (0.00 sec)

mysql> INSERT INTO example VALUES (1);
ERROR 1142 (42000): INSERT command denied to user 'term06user2'@'localhost'
for table 'example'
```

きちんとユーザごとにアクセス権限管理ができていることが確認できました。

6-8 ロールを使ったアクセス権限管理

6-8-1 ● ロールとは

ロール（ROLE）はMySQL 8.0で新登場した機能です。複数の権限をロールとしてまとめ、そのロールに権限を割り当て、各ユーザにはロールを割り当てます。

ユーザはシーンによってロールを使い分けてMySQLを操作します。

6-8-2 ● 試してみよう

例えばサポートセンター業務とユーザ行動分析業務では、業務において利用する必要があるデータ／操作が異なります。

ここではカスタマーサポート業務では、user_logテーブルのSELECTとuser_profileテーブルのSELECT、ユーザ行動分析業務でuser_logテーブルのSELECTが必要だとします。

準備のためのクエリは**リスト6.7**となります。

リスト6.7 準備のためのクエリ

```
rootユーザで接続
DROP DATABASE IF EXISTS term06db2;
CREATE DATABASE term06db2;
USE term06db2;

CREATE TABLE user_profile (id INT, email VARCHAR(128));
INSERT INTO user_profile VALUES (1, "one@example.com");
INSERT INTO user_profile VALUES (2, "two@example.com");

CREATE TABLE user_log (id INT, user_id INT, name VARCHAR(128));
INSERT INTO user_log VALUES (1, 1, "/");
INSERT INTO user_log VALUES (2, 2, "/landing/100");
```

（次ページに続く）

（前ページの続き）

```
INSERT INTO user_log VALUES (3, 1, "/users");


カスタマーサポート業務用のROLE
CREATE ROLE customer_support;

GRANT SELECT ON term06db2.user_profile TO customer_support;

GRANT SELECT ON term06db2.user_log TO customer_support;

GRANT customer_support TO 'term06user1'@'localhost';


ユーザ行動分析業務用のROLE
CREATE ROLE analysis;

GRANT SELECT ON term06db2.user_log TO analysis;

GRANT analysis TO 'term06user1'@'localhost';


FLUSH PRIVILEGES;
```

検証のためのクエリは**リスト6.8**のとおりです。

リスト6.8 検証クエリ

```
term06user1で接続
操作するROLEを指定
SET ROLE 'customer_support';

USE term06db2;
SELECT * FROM user_profile;   ← 閲覧可能
SELECT * FROM user_log;   ← 閲覧可能

操作するROLEを指定
SET ROLE 'analysis';
SELECT * FROM user_profile;   ← アクセス権限エラーになる
SELECT * FROM user_log;   閲覧可能
```

実行例は以下のとおりです。

```
mysql> USE term06db2;
略
Database changed
mysql> SET ROLE 'customer_support';
Query OK, 0 rows affected (0.00 sec)

mysql> SELECT * FROM user_profile;    ← 閲覧可能
+------+-----------------+
| id   | email           |
+------+-----------------+
|    1 | one@example.com |
|    2 | two@example.com |
+------+-----------------+
2 rows in set (0.00 sec)

mysql> SELECT * FROM user_log;    ← 閲覧可能
+------+---------+--------------+
| id   | user_id | name         |
+------+---------+--------------+
|    1 |       1 | /            |
|    2 |       2 | /landing/100 |
|    3 |       1 | /users       |
+------+---------+--------------+
3 rows in set (0.00 sec)
mysql> SET ROLE 'analysis';    ← 操作するROLEを指定
Query OK, 0 rows affected (0.00 sec)

mysql> SELECT * FROM user_profile;    ← アクセス権限エラーになる
ERROR 1142 (42000): SELECT command denied to user 'term06user1'@'localhost'
for table 'user_profile'
```

（次ページに続く）

Part 1 使って覚えるMySQL入門 基礎編

（前ページの続き）

```
mysql> SELECT * FROM user_log;   ← 閲覧可能
+------+---------+------------+
| id   | user_id | name       |
+------+---------+------------+
|    1 |       1 | /          |
|    2 |       2 | /landing/100 |
|    3 |       1 | /users     |
+------+---------+------------+
3 rows in set (0.00 sec)
```

確認テスト

次の □ に入る言葉を入れてください。

Q1. システム変数のスコープは、サーバ全体を指す [1] と、その接続のみを指す [2] がある。

Q2 Dynamicでないシステム変数は設定ファイル [3] にて設定を行う。

Q3 MySQL 8.0におけるデフォルトのCHARACTER SETは [4] である。

Part 2
運用編

現場で役立つ
MySQL実践テクニック

7時間目	MySQLの状態を読み解く	168
8時間目	バックアップとリストア	180
9時間目	試して学ぶバイナリログ転送方式レプリケーション	210
10時間目	グループレプリケーション	246
11時間目	チューニングの基礎知識〜パラメータチューニング	270
12時間目	チューニングの基礎知識〜インデックス／クエリチューニング	290
13時間目	実践的なチューニング〜スケールアウトとスケールアップ	326
14時間目	ログ管理とトラブルシューティング	348
15時間目	MySQLの仲間たち、MySQLの周辺ツール／クラウドサービス	362

7時間目 MySQLの状態を読み解く

7時間目では、MySQLの状態を読み解く技術を学習します。MySQLの状態を読み解けるようになることで、MySQLの気持ち、動作状況がわかるようになり、チューニングやトラブルシューティングができるようになります。

今回のゴール

- MySQLのシステムステータスを確認できる
- MySQLの接続状態を確認できる
- ストレージエンジンのステータスを確認できる

7-1 システムステータスの確認

システムステータスは「SHOW STATUS」で確認できます。システム変数と同様に、よく利用しますのでしっかり押さえておきましょう。

「SHOW STATUS」でよく使用するのは以下の用法です。スコープはGLOBALかSESSIONを、パターンはLIKEを使って「LIKE '%size%'」のように指定します。「LIKEパターン」を省略すると、すべての変数が出力されます。

書式

```
SHOW スコープ STATUS LIKE パターン
```

Part 2 運用編
現場で役立つMySQL実践テクニック

```
mysql> SHOW GLOBAL STATUS LIKE '%size%';
+---------------------------------+-------+
| Variable_name                   | Value |
+---------------------------------+-------+
| Innodb_buffer_pool_resize_status |       |
| Innodb_page_size                | 16384 |
| Ssl_session_cache_size          | 128   |
| Tc_log_page_size                | 0     |
+---------------------------------+-------+
4 rows in set (0.01 sec)
```

各列の意味は**表7.1**のとおりです。

表7.1 SHOW STATUSの各項目

列名	値
Variable_name	変数名
Value	設定されている値

》 7-2 接続状況の確認

　接続状況は「SHOW FULL PROCESSLIST」で確認できます。SQL全文を表示しなくてよい場合は「FULL」を省略し、「SHOW PROCESSLIST」としても同じ項目が確認できます。

　「SHOW FULL PROCESSLIST」は、サーバ状態把握や、トラブル調査、チューニングなどでとてもよく使います。

書式

```
SHOW FULL PROCESSLIST
```

時間目 | MySQLの状態を読み解く

```
mysql> SHOW FULL PROCESSLIST\G
*************************** 1. row ***************************
     Id: 4
   User: event_scheduler
   Host: localhost
     db: NULL
Command: Daemon
   Time: 3810
  State: Waiting on empty queue
   Info: NULL
*************************** 2. row ***************************
     Id: 10
   User: root
   Host: localhost
     db: term06db2
Command: Query
   Time: 0
  State: starting
   Info: SHOW FULL PROCESSLIST
*************************** 3. row ***************************
     Id: 11
   User: term06user1
   Host: localhost
     db: term06db2
Command: Sleep
   Time: 72
  State:
   Info: NULL
*************************** 4. row ***************************
     Id: 12
   User: term06user2
   Host: localhost
```

（次ページに続く）

Part 2
運用編

現場で役立つMySQL実践テクニック

（前ページの続き）

```
      db: term06db
 Command: Sleep
    Time: 160
   State:
    Info: NULL
4 rows in set (0.00 sec)
```

各列の意味は**表7.2**のとおりです。

- MySQL :: MySQL 8.0 Reference Manual :: 13.7.6.29 SHOW PROCESSLIST Syntax
  https://dev.mysql.com/doc/refman/8.0/en/show-processlist.html

表7.2 SHOW FULL PROCESSLISTの各項目

列名	値
Id	接続 ID
User	MySQL ユーザ名
Host	接続元ホスト名
db	データベースが選択（USE）されている場合はデータベース名
Command	実行しているコマンドの種類（クエリ実行中を示す Query、クエリ発行待ちを示す Sleep など） https://dev.mysql.com/doc/refman/8.0/en/thread-commands.html
Time	現在の状態（State）になってからの秒数
State	現在の状態（starting、optimizing、preparing、Copying to tmp table on disk など）
Info	実行している内容（SQLなど）

》 7-3 テーブルステータスの確認

テーブルステータスは、「SHOW TABLE STATUS」で確認できます。テーブルのデータ量などを確認し、トラブルシューティングやチューニング、キャパシティプランニングなどに使います。

171

MySQLの状態を読み解く

「SHOW TABLE STATUS」でよく使うのは以下の用法です。「FROM データベース名」は省略可能です。省略した場合は、現在の（USEしている）データベースが対象となります。

書式

```
SHOW TABLE STATUS FROM データベース名
```

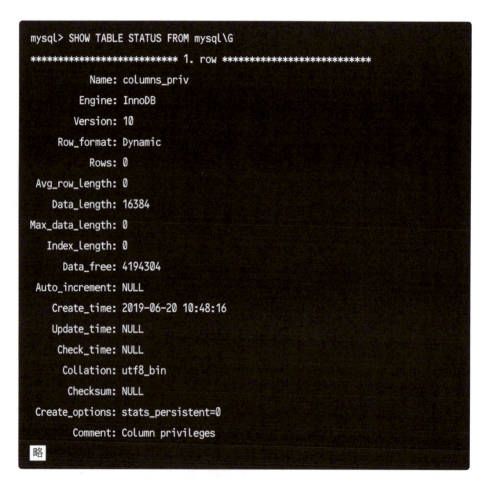

各列の意味は**表7.3**のとおりです。ストレージエンジンによって意味が変わるため注意してください。ここではInnoDBについて記載します。

Part 2

現場で役立つMySQL実践テクニック 運用編

・MySQL :: MySQL 8.0 Reference Manual :: 13.7.6.36 SHOW TABLE STATUS Syntax
https://dev.mysql.com/doc/refman/8.0/en/show-table-status.html

表7.3 SHOW TABLE STATUSの各項目（InnoDB）

列名	値
Name	テーブル名
Engine	ストレージエンジン
Version	MySQL 8.0の場合は10固定
Row_format	行のフォーマット（Fixed, Dynamic, Compressed, Redundant, Compact など）
Rows	行数※注
Avg_row_length	1行あたりの平均データ量
Data_length	clusterd index のメモリ割り当て量（バイト）
Max_data_length	Unused for InnoDB.
Index_length	non-clustered indexes のメモリ割り当て量（バイト）
Data_free	テーブルが格納されているテーブルスペースの空き容量
Auto_increment	AUTO_INCREMENT の次の値
Create_time	テーブル作成日時
Update_time	データファイルの更新日時（InnoDBの場合は誤差要因が多くあまり厳密に捉えない）
Check_time	テーブルの最終検査（check）日時
Collation	テーブルの character set と collation
Checksum	テーブルチェックサムの値（あれば）
Create_options	テーブル作成時のオプション（ROW_FORMAT、KEY_BLOCK_SIZE など）
Comment	テーブル作成時や、SHOW でデータが取得できなかった場合のエラーレポートなどに利用される

※注　概算値のため最大50%程度ずれることがあります。

　MySQLでは、このステータスを見てクエリをどのように処理するかを決定します。テーブルステータスは統計情報で、「ANALYZE TABLE テーブル名」で更新できます。

　なお更新しても行数などが完全に正確な値になるわけではありません。MySQLはクエリを実行する前に、クエリをどのように実行すべきか、データの状態などをもと

175

MySQLの状態を読み解く

に最適な方法を計画します。最適な方法を判断する機構をオプティマイザ、作成された計画を実行計画と呼びます。統計情報が正確であればあるほど、精度の高い実行計画が策定できますが、一方で統計情報のデータ量が増えて維持管理の手間がかかるようになるため、高負荷の要因となることもあります。

ほどほどの統計情報で大外ししない実行計画を出し続けるのがオプティマイザの役割です。

　7-4　InnoDBのステータスの確認

「SHOW ENGINE INNODB STATUS」でInnoDBのステータスを確認することができます。「SHOW ENGINE INNODB STATUS」の用法は以下のとおりです。

書式

```
SHOW ENGINE INNODB STATUS
```

```
mysql> SHOW ENGINE INNODB STATUS\G
*************************** 1. row ***************************
  Type: InnoDB
  Name: 
Status: 
=====================================
2019-06-20 13:48:44 0x7f293c058700 INNODB MONITOR OUTPUT
=====================================
Per second averages calculated from the last 20 seconds
-----------------
BACKGROUND THREAD
-----------------
srv_master_thread loops: 21 srv_active, 0 srv_shutdown, 3977 srv_idle
srv_master_thread log flush and writes: 0
----------
```

（次ページに続く）

Part 2
現場で役立つMySQL実践テクニック **運用編**

（前ページの続き）

```
SEMAPHORES
----------
OS WAIT ARRAY INFO: reservation count 4
OS WAIT ARRAY INFO: signal count 5
RW-shared spins 1, rounds 1, OS waits 0
RW-excl spins 1, rounds 2, OS waits 0
RW-sx spins 1, rounds 1, OS waits 0
Spin rounds per wait: 1.00 RW-shared, 2.00 RW-excl, 1.00 RW-sx
------------
TRANSACTIONS
------------
Trx id counter 4366
Purge done for trx's n:o < 4325 undo n:o < 0 state: running but idle
History list length 8
LIST OF TRANSACTIONS FOR EACH SESSION:
---TRANSACTION 421290111335984, not started
0 lock struct(s), heap size 1136, 0 row lock(s)
---TRANSACTION 421290111335088, not started
0 lock struct(s), heap size 1136, 0 row lock(s)
---TRANSACTION 421290111334192, not started
0 lock struct(s), heap size 1136, 0 row lock(s)
--------
FILE I/O
--------
I/O thread 0 state: waiting for completed aio requests (insert buffer thread)
I/O thread 1 state: waiting for completed aio requests (log thread)
I/O thread 2 state: waiting for completed aio requests (read thread)
I/O thread 3 state: waiting for completed aio requests (read thread)
I/O thread 4 state: waiting for completed aio requests (read thread)
I/O thread 5 state: waiting for completed aio requests (read thread)
I/O thread 6 state: waiting for completed aio requests (write thread)
```

（次ページに続く）

7時間目 MySQLの状態を読み解く

（前ページの続き）

```
I/O thread 7 state: waiting for completed aio requests (write thread)
I/O thread 8 state: waiting for completed aio requests (write thread)
I/O thread 9 state: waiting for completed aio requests (write thread)
Pending normal aio reads: [0, 0, 0, 0] , aio writes: [0, 0, 0, 0] ,
 ibuf aio reads:, log i/o's:, sync i/o's:
Pending flushes (fsync) log: 0; buffer pool: 0
855 OS file reads, 1538 OS file writes, 561 OS fsyncs
0.00 reads/s, 0 avg bytes/read, 0.00 writes/s, 0.00 fsyncs/s

-------------------------------------
INSERT BUFFER AND ADAPTIVE HASH INDEX
-------------------------------------
Ibuf: size 1, free list len 0, seg size 2, 0 merges
merged operations:
 insert 0, delete mark 0, delete 0
discarded operations:
 insert 0, delete mark 0, delete 0
Hash table size 34679, node heap has 0 buffer(s)
Hash table size 34679, node heap has 1 buffer(s)
Hash table size 34679, node heap has 1 buffer(s)
Hash table size 34679, node heap has 0 buffer(s)
Hash table size 34679, node heap has 0 buffer(s)
Hash table size 34679, node heap has 0 buffer(s)
Hash table size 34679, node heap has 1 buffer(s)
Hash table size 34679, node heap has 3 buffer(s)
0.00 hash searches/s, 0.00 non-hash searches/s
---
LOG
---
Log sequence number          20114196
Log buffer assigned up to    20114196
Log buffer completed up to   20114196
```

（次ページに続く）

現場で役立つMySQL実践テクニック

（前ページの続き）

```
Log written up to              20114196
Log flushed up to              20114196
Added dirty pages up to        20114196
Pages flushed up to            20114196
Last checkpoint at             20114196
543 log i/o's done, 0.00 log i/o's/second
--------------------
BUFFER POOL AND MEMORY
--------------------
Total large memory allocated 137363456
Dictionary memory allocated 579192
Buffer pool size    8192
Free buffers        7093
Database pages      1093
Old database pages 399
Modified db pages   0
Pending reads       0
Pending writes: LRU 0, flush list 0, single page 0
Pages made young 2, not young 0
0.00 youngs/s, 0.00 non-youngs/s
Pages read 832, created 261, written 864
0.00 reads/s, 0.00 creates/s, 0.00 writes/s
No buffer pool page gets since the last printout
Pages read ahead 0.00/s, evicted without access 0.00/s, Random read ahead
0.00/s
LRU len: 1093, unzip_LRU len: 0
I/O sum[0]:cur[0], unzip sum[0]:cur[0]
--------------
ROW OPERATIONS
--------------
0 queries inside InnoDB, 0 queries in queue
```

（次ページに続く）

MySQLの状態を読み解く

（前ページの続き）

```
0 read views open inside InnoDB
Process ID=20146, Main thread ID=139814626338560 , state=sleeping
Number of rows inserted 354, updated 471, deleted 0, read 5384
0.00 inserts/s, 0.00 updates/s, 0.00 deletes/s, 0.00 reads/s
----------------------------
END OF INNODB MONITOR OUTPUT
============================

1 row in set (0.00 sec)
```

各項目の意味は**表7.4**のとおりです。

表7.4 SHOW ENGINE INNODB STATUSの各項目

項目	値
BACKGROUND THREAD	バックグラウンドスレッドの動作状況
SEMAPHORES	セマフォのwait状況
TRANSACTIONS	トランザクション全体の状況、各トランザクションのロック状況
FILE I/O	IOスレッドの状況
INSERT BUFFER AND ADAPTIVE HASH INDEX	Insert Bufferの状況
LOG	Redoログの状況
BUFFER POOL AND MEMORY	InnoDBバッファプールの状況
ROW OPERATIONS	行操作の状況

　この結果内容を読み解くのは正直なところ、大変難しいです。しかしチューニングには欠かせない指標が勢揃いしています。本書で後に紹介するモニタリングツールではこの出力から計数を取得している項目もあります。

　本書でMySQLを習得し、その後MySQLのスキルを十分に身につけた上でこれらの技術にも興味が出てきたら、じっくり確認してみるとよいでしょう。

> **Note** MySQLにさらに詳しくなるには
>
> MySQLの内部についてさらに詳しく知りたい場合は、「SHOW ENGINE INNODB STATUS」や「SHOW ENGINE PERFORMANCE_SCHEMA STATUS」についてより深く確認してみるとよいでしょう。

確認テスト

Q1 システムステータスMax_used_connectionとMax_used_connections_timeを同時に取得してください。

Q2 テーブルステータスを表示するクエリは何でしょうか。

Q3 InnoDBストレージエンジンのステータスを表示するクエリは何でしょうか。

8時間目 バックアップとリストア

8時間目では、バックアップとリストアについて学習します。バックアップとリストアは決して特別なことではなく、通常必ず行う操作です。避けて通れない、かつきちんとできていないとデータが取り戻せず致命傷なので気合を入れて学習しましょう。

今回のゴール

- バックアップの目的／手法／仕組みを理解する
- バックアップ／リストアができるようになる

≫ 8-1 バックアップを理解する

　バックアップにおいてはデータ整合性が重要です。バックアップ取得処理中もMySQLは利用されデータが更新されますので、何らかの方法で整合性が保たれたデータを取得する必要があります。

　ここでは、バックアップの目的とバックアップを理解するために必要な基本用語について解説します。

8-1-1 ● バックアップの目的

　バックアップの目的とは、何らかの理由で特定時点のデータベースの状態を復元するニーズが発生した場合に対処できるよう、復元に必要なデータなどをあらかじめ取得し保存することです。よって、障害シナリオや復元シナリオをもとに、バックアップの取得方法や取得先の選択肢を検討しましょう。

　障害シナリオは誤操作によるデータ削除、システムトラブルによるサーバ起動不可、などです。

復元シナリオはデータベース全部を1日前に戻したい、特定のテーブルを別のデータベースで確認したい、などです。なお復元はリストアと呼びます。バックアップはバックアップを取得する行為や仕組みを指し、また取得したデータを指すこともあります（データのほうはバックアップデータとも呼びます）。リストアは行為や仕組みを指すことが多いと思います。

目的に応じて、インスタンス全体を対象とするべきなのか、特定のデータベースを対象にすべきなのか、特定のテーブルだけを対象にすべきなのかによっても変わりますので、それに合わせて実現します。

ここではデータのバックアップ／リストアについて紹介しますが、障害シナリオ／復元シナリオによっては設定ファイルもバックアップすべきかもしれません。そのあたりも忘れずに、必要なのかを確認しましょう。

次にバックアップ方法やバックアップの分類などについて解説します。

8-1-2●オンラインバックアップとオフラインバックアップ

MySQLをクライアントから利用可能な状態のままで、バックアップを取得する方法をオンラインバックアップと呼びます。またMySQLをクライアントから利用不可にした状態にしてからバックアップを取得する方法をオフラインバックアップと呼びます（図8.1）。

オンラインバックアップを行う場合は、データ整合性やバックアップ取得中の性能低下などを考慮する必要があります。しかし、オフラインバックアップであれば、データの更新が発生しないため、データ整合性が比較的容易に担保でき、また実運用とバックアップが並走しないため、性能低下の問題も発生しません。

バックアップのことだけを考えれば、オフラインバックアップを採用するのが望ましいのですが、オフラインバックアップ中はデータベースが使用できないというデメリットがあります。そこでオンラインバックアップをいい感じに行うための工夫がいろいろとあります。

8時間目 バックアップとリストア

図8.1 オンラインバックアップとオフラインバックアップ

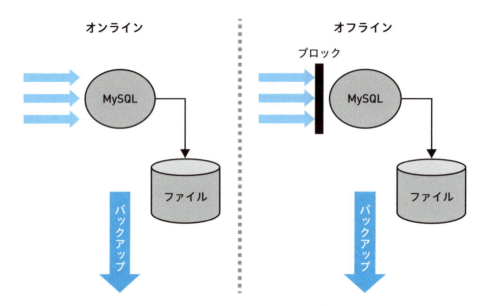

8-1-3 ● 論理バックアップと物理バックアップ

　MySQLレベルでバックアップを取得する手法を論理バックアップ、ファイルシステムレベルでバックアップを取得する手法を物理バックアップと呼びます。

　また論理バックアップで取得したデータも俗に論理バックアップと呼び、同様に物理バックアップで取得したデータも俗に物理バックアップと呼びます。（**図8.2**）。

　物理バックアップの特徴は、論理バックアップと比較してバックアップ取得／リストアの所要時間が短いことです。ただし物理バックアップには、復元先が復元元（バックアップ取得元）と同じバージョンや構成でないと、復元に失敗する可能性があるなどのリスクがあります。よって可搬性（ポータビリティ）でいえば、論理バックアップのほうが高くなります。

　また物理バックアップで取得したデータを部分的に見ても意味がわからないですし、リストアするときは基本的に全部のデータを同時にリストアする形になります。

　一部のデータベースやテーブルだけを戻したい場合などは論理バックアップを取得しましょう。MySQLではオンラインで論理バックアップも物理バックアップも利用することができます。

図8.2 論理バックアップと物理バックアップ

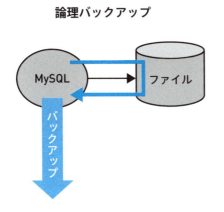
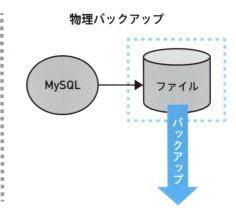

8-1-4 ● フルバックアップと増分バックアップ

　データ全量を対象としてバックアップを取得する手法／取得したデータをフルバックアップと呼び、特定時点以降の変更のみを対象としてバックアップを取得する手法／取得したデータを増分バックアップ（Incremental Backup）と呼びます（図8.3）。
　フルバックアップはある時点のデータ全量のため、スナップショットとも呼ばれます。
　フルバックアップはデータ全量が対象になるため、バックアップのためにたくさんの時間／ディスク容量が必要になりますが、増分だけであれば小さく済みます。そのため増分バックアップは頻繁に取得しやすいです。
　MySQLにおいて増分バックアップはバイナリログを利用して実現することができます。

図8.3　フルバックアップと増分バックアップ

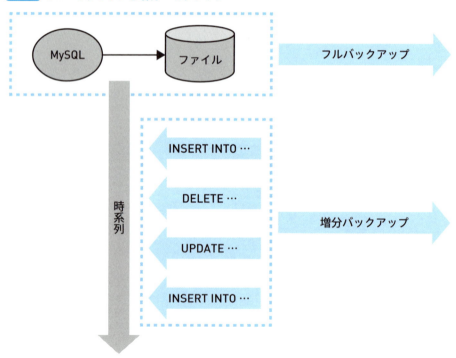

8-2 mysqldumpコマンドによる論理フルバックアップ

　mysqldumpコマンドはMySQL同梱の論理フルバックアップ取得ツールです。インスタンス全体、データベースごと、テーブルごとなど必要な単位でバックアップが取得できます。
　対象を復元するSQLをまとめて出力してくれます。出力されたSQLを順次実行すると、元の状態が復元できるという仕組みです。

8-2-1 ◉ すべてのデータベースを対象したバックアップ

　すべてのデータベースを対象とする場合は、--all-databasesオプションを指定します。

書式

```
mysqldump ［オプション］ --all-databases ［オプション］
```

8-2-2 ◉ 特定の1データベースのみ対象としたバックアップ

　特定のデータベース1つだけを対象とする場合は、データベース名を第1引数に指定します。データベース名に続いてテーブル名も指定することで、特定テーブルのみをバックアップすることが可能です。

書式

```
mysqldump ［オプション］ データベース名 ［テーブル名 ……］
```

185

8時間目 | バックアップとリストア

8-2-3◉特定の複数データベースを対象としたバックアップ

　特定の複数のデータベースを対象とする場合は、--databasesオプションを指定した上で引数にデータベース名を列挙します。

書式

```
mysqldump［オプション］--databases［オプション］データベース名［データベース名 ……］
```

8-2-4◉mysqldumpコマンドの主なオプション

　mysqldumpコマンドでよく使うオプションは**表8.1**のとおりです。--helpオプションをつけて実行すると、オプション一覧を確認できます。オプションの組み合わせについての注意事項などがていねいに記載されていますので、参照するくせをつけるとよいでしょう。

表8.1 mysqldumpコマンドの主なオプション

オプション	説明
--user	バックアップ取得対象のMySQL接続ユーザ
--password	バックアップ取得対象のMySQL接続パスワード
--host	バックアップ取得対象のMySQLホスト
--port	バックアップ取得対象のMySQLポート
--all-databases	すべてのデータベース（インスタンスまるごと）をバックアップ取得対象とする
--flush-logs	ログを切り替える
--master-data	バイナリログファイル名とポジションを出力する（後述）
--single-transaction	バックアップを1つのトランザクション内で実行する（後述）
--no-data	データを取得しない（データベースやテーブルの定義のみ取得する）

186

Part 2
現場で役立つMySQL実践テクニック
運用編

8-2-5◉試してみよう

テスト用のterm08dbデータベースを作成し、mysqldumpコマンドですべてのデータベースのデータをバックアップしてみましょう（**リスト8.1**）。

リスト8.1 term08dbデータベースの作成

```
CREATE DATABASE term08db;
USE term08db;
CREATE TABLE example1 (id INT, name VARCHAR(20));
INSERT INTO example1 VALUES(1, "abcde");
INSERT INTO example1 VALUES(2, "bbcde");
```

mysqldumpコマンドの実行例は以下のとおりです。

```
[root@db01 ~]# mysqldump -u root -p --all-databases
Enter password:
-- MySQL dump 10.13  Distrib 8.0.16, for Linux (x86_64)
--
-- Host: localhost    Database:
-- ------------------------------------------------------
-- Server version        8.0.16
略
--
-- Current Database: `term08db`
--

CREATE DATABASE /*!32312 IF NOT EXISTS*/ `term08db` /*!40100 DEFAULT CHARACTER
SET utf8mb4 COLLATE utf8mb4_0900_ai_ci */ /*!80016 DEFAULT ENCRYPTION='N' */;

USE `term08db`;
```

（次ページに続く）

8
時間目 | バックアップとリストア

（前ページの続き）

```
--
-- Table structure for table `example1`
--

DROP TABLE IF EXISTS `example1`;
/*!40101 SET @saved_cs_client     = @@character_set_client */;
 SET character_set_client = utf8mb4 ;
CREATE TABLE `example1` (
  `id` int(11) DEFAULT NULL,
  `name` varchar(20) DEFAULT NULL
) ENGINE=InnoDB DEFAULT CHARSET=utf8mb4 COLLATE=utf8mb4_0900_ai_ci;
/*!40101 SET character_set_client = @saved_cs_client */;

--
-- Dumping data for table `example1`
--

LOCK TABLES `example1` WRITE;
/*!40000 ALTER TABLE `example1` DISABLE KEYS */;
INSERT INTO `example1` VALUES (1,'abcde'),(2,'bbcde');
/*!40000 ALTER TABLE `example1` ENABLE KEYS */;
UNLOCK TABLES;
略
-- Dump completed on 2019-06-20 13:51:23
```

　これは「CREATE DATABASE」、「USE」、「DROP TABLE」、「CREATE TABLE」
「INSERT」を順次実行する内容です。

188

> **Note** **MySQL独自のSQLコメント拡張記法**
>
> 　先ほどの実行結果では「/*!40100 …… */」という表示がたくさん出てきました。この「40100」はMySQLのバージョン（4.01.00）を示しています。
> 　「/*!40100 …… */」とは、SQLのコメントを拡張したMySQL固有の記法です。MySQL 4.1.0以降の場合は、コメント内を無視せずクエリの一部として取り扱います。このようにすることによってバージョンの差異を吸収しています。
> 　リスト8.2の場合、MySQL 3系までは何も実行されず、MySQL 4.0以降では「ALTER TABLE」が実行されます。
>
> **リスト8.2** MySQL独自のSQLコメント拡張記法
>
> ```
> /*!40000 ALTER TABLE `example1` DISABLE KEYS */;
> ```

　このバックアップをリストアする場合は、mysqlコマンドで取得したバックアップを再生します。

```
取得
[root@db01 ~]# mysqldump -u root -p --all-databases > dump.sql
リストア
[root@db01 ~]# mysql -u root -p < dump.sql
```

8-2-6● mysqldumpコマンドでの静止点の作り方

　MySQL 8.0とmysqldumpコマンドの組み合わせでは、--single-transactionオプションを指定すると、InnoDBのトランザクションを利用して静止点を作成できます。
　ただし --single-transactionオプションによるダンプ中に「ALTER TABLE」、「DROP TABLE」、「RENAME TABLE」、「TRUNCATE TABLE」が実行されてしまうと、トランザクションによる分離が及ばなくなり、一貫性が保てなくなるため実行しないようにしてください。

> **Note　現場のmysqldump**
>
> 　InnoDBではないデータベースが混在した環境ではうまく静止点が作れないのでデータが不整合になります。MyISAMストレージエンジンを敢えて使っている場合は--lock-all-tablesできちんと静止点を作りましょう。
>
> 　MySQL 8.0より前のMySQLはmysqlデータベースがMyISAMでした。そのためバックアップにmysqlデータベースを含める場合は--single-transactionで静止点を作ることができませんでした。
>
> 　ただし実運用上mysqlデータベースをその間に更新することはないということでリスクを許容し--lock-all-tablesせずにmysqldumpしている例も相当数あります。
>
> 　mysqldumpでは--flush-logsオプションでデータ取得開始時にログファイルをローテーションできます。バイナリログファイルの開始点とデータ静止点が一致するので、mysqldumpで取得したデータと、この時点以降のバイナリログファイルを利用することで、バイナリログの範囲内でロールフォワードリカバリできます。

8-3 バイナリログでの増分バックアップ

8-3-1 ◉ バイナリログでの増分バックアップとは

　MySQLではバイナリログを使い増分バックアップを実現します。バイナリログはMySQLに対する変更イベントを記録し、再現する仕組みです。同じ操作を同じように再発行すれば、同じ結果になるという理屈です（図8.4）。

図8.4 バイナリログでの増分バックアップ

id	name	amount
1	apple	10
2	orange	20

INSERT INTO fruits VALUES(3,cherry,5);

id	name	amount
1	apple	10
2	orange	20
3	cherry	5

UPDATE fruits SET amount = 30 WHERE name = "apple";

id	name	amount
1	apple	30
2	orange	20
3	cherry	5

時系列

　バイナリログの出力設定はlog_binで行います。MySQL 8.0からデフォルトで有効になっています。「Dynamic」はNOなので、何らかの事情でバイナリログの出力を無効にする場合は、設定ファイルを書き換えてからMySQLを再起動してください。
　同時に「server_id」を設定します。これはレプリケーションを構成する全サーバ内で重複しない値を設定する必要があります。MySQL 8.0からはデフォルトで1が指定されています。システム内でMySQLが1台だけの場合はそのままでも構いませんが、少なくないケースで複数台利用するため明示的に指定する癖をつけることをおす

すめします。

　バイナリログとは変更を記録するもので、いくつかの記録方式があります。デフォルトはROW（行）ベースで、この方式では変更内容そのものを記録します。UUID()など、実行するごとに異なる結果が得られる関数についても、その時の実行結果を記録することできちんと再現できます。

　もう1つの記録方式は、発行されたSQLを記録するSTATEMENT方式です。かつてはこの記録方式がデフォルトでした。基本的にSTATEMENTを利用し、UUID()など一意に決まらない処理はROWを利用するMIXEDも選択可能です。

　性能面では、バイナリログの利用時（読み取り時、再現時）にデータ更新に対して対象行抽出などのクエリ実行部分が重たい場合は、ROWのほうが性能面で有利ですが、1つのクエリで大量のデータを更新する場合は、STATEMENTが性能面で有利です（図8.5）。

　まずはデフォルトのROWを使っておけば大丈夫です。

図8.5 バイナリログの記録方式

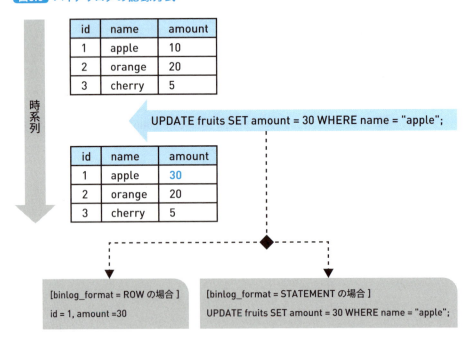

　バイナリログを他のサーバに転送し、そちらのデータに適用することでレプリケーションを実現することもできます。

8-3-2 ● 試してみよう

以下を実行すると、データディレクトリ配下にbinlog.番号ファイルとbinlog.indexファイルが作成されていることがわかります。

```
[root@db01 ~]# ls -al /var/lib/mysql/ | grep -- bin
-rw-r-----  1 mysql mysql    51089 6月 20 12:33 binlog.000001
-rw-r-----  1 mysql mysql      178 6月 20 12:36 binlog.000002
-rw-r-----  1 mysql mysql      178 6月 20 12:40 binlog.000003
略
-rw-r-----  1 mysql mysql       96 6月 20 12:41 binlog.index
```

Note　データディレクトリのパスを確認する方法

データディレクトリのパスがわからなくなった場合は、「SHOW VARIABLES」で確認しましょう。

```
mysql> SHOW VARIABLES LIKE 'datadir';
+---------------+---------------+
| Variable_name | Value         |
+---------------+---------------+
| datadir       | /var/lib/mysql/ |
+---------------+---------------+
1 row in set (0.01 sec)
```

8
時間目　バックアップとリストア

リスト8.3のSQLを実行します。

リスト8.3 データベースの作成

```
USE term08db;
CREATE TABLE sandbox (id INT, name VARCHAR(20));
INSERT INTO sandbox VALUES(1, "foo");
INSERT INTO sandbox VALUES(2, "bar");
UPDATE sandbox SET name="buzz" WHERE id=1;
```

リスト8.3を実行後にmysqlbinlogコマンドでバイナリログの記録内容を確認します。以下のように発行したSQLとは微妙に異なる変更が記録されていますが、mysqlbinlogコマンドとmysqlコマンドを使えば、きちんとリカバリできますので安心してください。

```
[root@db01 ~]# mysqlbinlog --verbose /var/lib/mysql/binlog.000001
略
# at 1138
#190620 14:01:16 server id 1  end_log_pos 1203 CRC32 0xb61966bf
Table_map: `term08db`.`sandbox` mapped to number 89
# at 1203
#190620 14:01:16 server id 1  end_log_pos 1258 CRC32 0x134b851c
Update_rows: table id 89 flags: STMT_END_F

BINLOG '
HBMLXRMBAAAAQQAAALMEAAAAAFkAAAAAAAEACHRlcm0wOGRiAAdzYW5kYm94AAIDDwJQAAMBAQAC
A/z/AL9mGbY=
HBMLXR8BAAAANwAAAOoEAAAAAFkAAAAAAAEAAgAC//8AAQAAAANmb28AAQAAAARidXp6HIVLEw==
'/*!*/;
### UPDATE `term08db`.`sandbox`
### WHERE
###   @1=1
```

（次ページに続く）

（前ページの続き）

```
###    @2='foo'
### SET
###    @1=1
###    @2='buzz'
略
```

8-4 バイナリログを利用した ロールフォワードリカバリ

8-4-1 ●ロールフォワードリカバリ

　ロールフォワードリカバリは、フルバックアップと増分バックアップを併用することでフルバックアップ取得時点以降の特定時点のデータ状態を復活させる手法です。特定時点の状態をリカバリするためポイントインタイムリカバリ（PITR ＝ Point-in-Time Recovery）とも呼ばれます。
　MySQLではmysqlbinlogコマンドでバイナリログに記録された変更イベントを取得し、mysqlコマンドで再生することで実現します。

```
[root@db01 ~]# mysqlbinlog binlog.000001 | mysql -u root -p
```

　なお複数のバイナリログを投入する場合は、以下のようにmysqlbinlogコマンドにファイルを古い順に指定し、まとめてmysqlコマンドに渡す必要があります。
　複数のバイナリログを対象とする必要があるかどうかは、静止点の取得タイミングとバイナリログのローテーションタイミング次第です。そのためバイナリログの中身を確認してから判断する必要があります。

```
[root@db01 ~]# mysqlbinlog binlog.000001 binlog.000002 binlog.000003 | mysql -u root -p
```

通常のロールフォワードリカバリでは、記録されたものを全量再生しますが、ポイントインタイムリカバリを行いたい場合は、特定時点までの分だけを再生する必要があります。

mysqlbinlogコマンドの--stop-datetimeオプションで、いつまでの分を再生するか指定できます。例えば、2019/06/20 14:00:00の状態を復元したい場合は以下のように実行します。

```
[root@db01 ~]# mysqlbinlog --stop-datatime="2019-06-20 14:00:00" binlog.000001 ↩
| mysql -u root -p
```

また、より細かく日時ではなくイベントのポジション（mysqlbinlogコマンドで見た「at 1138」の数値）で指定したい場合は--stop-positionオプションをつけます。

```
[root@db01 ~]# mysqlbinlog --stop-position=1138 binlog.000001 | mysql -u root -p
```

--stop-datatimeオプションや--stop-positionオプションと対を成す--start-datetimeオプションや--start-positionオプションも存在します。

なお仕組み上、フルバックアップ取得時点からリストアしたいタイミングまでのすべてのバイナリログファイルが存在することがリカバリ成功の必要条件です。例えば、フルバックアップを週1回日曜日に行い、バイナリログ保持期間が3日という設定であった場合、木曜日以降はロールフォワードリカバリができず、日曜日時点のデータしか使用できません。

8-4-2●試してみよう

データを操作しながらその様子を確認していきましょう。**リスト8.4**ではそれぞれの地点でバイナリログのポジションを確認していますが、実運用では時刻や「mysqlbinlog --verbose」などを実行して求めたい地点を探します。mysqlコマンドのSYSTEMを利用して、mkdirコマンドなどの外部コマンドを実行します。

Note バイナリログ記録上の注意事項

　STATEMENT方式のバイナリログはクエリそのものが記録されるため、リストアする場合に関数実行する行為も発生します。よって日時を返す関数では問題が発生します。

　日時を返す関数で有名なのはNOW()やSYSDATE()です。NOW()はトランザクション開始日時を、つまりトランザクション内では同じ値を返します。そのためバイナリログで「SET TIMESTAMP」することで、トランザクション内でのNOW()の戻り値を一定にすることができ、きちんと元の値を戻せるようになります。

　一方SYSDATE()は関数実行日時を返すためこの仕組みでは戻り値を固定できません。そのためSTATEMENT方式のバイナリログではSYSDATE()を含むバイナリログはきちんと復元できません。

　ROWかMIXEDであれば、そもそもバイナリログにマスタでの実行結果を記録するため問題はおきません。まずはROWを使っておくのが無難です。

リスト8.4 バイナリログポジションの確認

```
データ投入
USE term08db;
CREATE TABLE pitr_example (id INT, name VARCHAR(20), amount INT);
INSERT INTO pitr_example VALUES (1, "apple", 10);
INSERT INTO pitr_example VALUES (2, "orange", 20);
地点1: バックアップ取得
SYSTEM mysqldump -u root -p --all-databases --master-data >/tmp/dump_pitr_example.sql
INSERT INTO pitr_example VALUES (3, "cherry", 5);
地点2
SHOW MASTER STATUS\G
UPDATE pitr_example SET amount=30 WHERE name="apple";
地点3
バイナリログ退避
SYSTEM mkdir /tmp/pitr_example
SYSTEM bash -c 'cp -a /var/lib/mysql/binlog.* /tmp/pitr_example/.'
```

8
時間目 | バックアップとリストア

実行例は以下のとおりです。

```
mysql> USE term08db;
Database changed
mysql> CREATE TABLE pitr_example (id INT, name VARCHAR(20), amount INT);
Query OK, 0 rows affected (0.02 sec)

mysql> INSERT INTO pitr_example VALUES (1, "apple", 10);
Query OK, 1 row affected (0.01 sec)

mysql> INSERT INTO pitr_example VALUES (2, "orange", 20);
Query OK, 1 row affected (0.01 sec)

mysql>      ←─ 地点1：バックアップ取得
mysql> SYSTEM mysqldump -u root -p --all-databases --master-data ↗
>/tmp/dump_pitr_example.sql
Enter password:
mysql> INSERT INTO pitr_example VALUES (3, "cherry", 5);
Query OK, 1 row affected (0.00 sec)

mysql>      ←─ 地点2
mysql> SHOW MASTER STATUS\G
*************************** 1. row ***************************
             File: binlog.000001
         Position: 2458
     Binlog_Do_DB:
 Binlog_Ignore_DB:
Executed_Gtid_Set:
1 row in set (0.00 sec)

mysql> UPDATE pitr_example SET amount=30 WHERE name="apple";
Query OK, 1 row affected (0.01 sec)
```

（次ページに続く）

198

（前ページの続き）

```
Rows matched: 1  Changed: 1  Warnings: 0

mysql>   ← 地点3
mysql>   ← バイナリログ退避
mysql> SYSTEM mkdir /tmp/pitr_example
mysql> SYSTEM bash -c 'cp -a /var/lib/mysql/binlog.* /tmp/pitr_example/.'
```

それでは次にリストアを行ってみましょう。フルバックアップをリストアした場合は、地点1の状態になります。

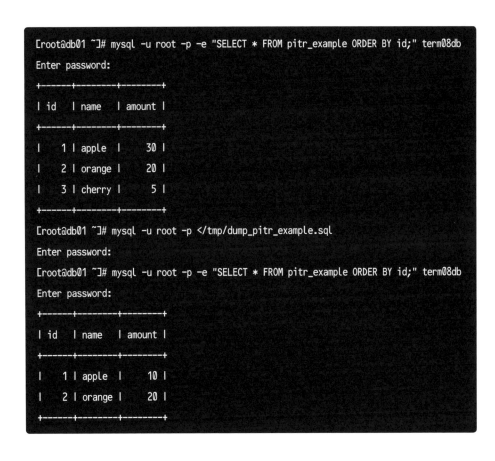

Note mysqlコマンドをノンインタラクティブに利用する

mysqlコマンドに-eオプションでSQLを指定すると、今までのようにインタラクティブシェルを起動せずに、そのSQLを実行して終了します。mysqlコマンドのヘルプには以下のように記載されています。

```
-e, --execute=name  Execute command and quit. (Disables --force and
                    history file.)
```

次にPITRで地点2の状態にしてみましょう。地点1でのバイナリログのファイルとポジションは以下のとおりです。

```
[root@db01 ~]# grep MASTER_LOG_POS /tmp/dump_pitr_example.sql | head -1
CHANGE MASTER TO MASTER_LOG_FILE='binlog.000001', MASTER_LOG_POS=2147;
```

地点2でのバイナリログのファイルとポジションは「SHOW MASTER STATUS」の結果からbinlog.000001の2147だとわかります。

バイナリログのファイルbinlog.000001のポジション2147から2458を抜き出してリストアする方法は以下のとおりです。

```
[root@db01 ~]# mysqlbinlog --start-position=2147 --stop-position=2458 /tmp/pitr_example/binlog.000001 | mysql -u root -p
```

実行例は以下のとおりです。これで地点2のデータになりました。

Part 2 現場で役立つMySQL実践テクニック 運用編

```
[root@db01 ~]# mysqlbinlog --start-position=2147 --stop-position=2458 /tmp/pitr_
example/binlog.000001 | mysql -u root -p
Enter password:
[root@db01 ~]# mysql -u root -p -e "SELECT * FROM pitr_example ORDER BY id;" term08db
Enter password:
+------+--------+--------+
| id   | name   | amount |
+------+--------+--------+
|    1 | apple  |     10 |
|    2 | orange |     20 |
|    3 | cherry |      5 |
+------+--------+--------+
```

最後に地点3まで進めてみましょう。実行例は以下のとおりです。

```
[root@db01 ~]# mysqlbinlog --start-position=2548 /tmp/pitr_example/binlog.000001 |
mysql -u root -p
Enter password:
[root@db01 ~]# mysql -u root -p -e "SELECT * FROM pitr_example ORDER BY id;" term08db
Enter password:
+------+--------+--------+
| id   | name   | amount |
+------+--------+--------+
|    1 | apple  |     30 |
|    2 | orange |     20 |
|    3 | cherry |      5 |
+------+--------+--------+
```

地点3のデータになりました。

8-5 バイナリログの削除

バイナリログは、MySQLを利用するにつれて増えていきます。デフォルトでは30日分が保存されます。binlog_expire_logs_secondsとexpire_logs_daysを設定すると自動削除が行えます。

これら2つの設定項目は同じ目的で利用されます。expire_logs_daysは昔から存在する項目ですが、2019年現在は非推奨になっています。MySQL 8.0ではbinlog_expire_logs_secondsだけを使用すると覚えておきましょう。

binlog_expire_logs_secondsとexpire_logs_daysを両方指定した場合、binlog_expire_logs_secondsだけが利用され、expire_logs_daysは無視されます。

この設定項目の扱いについては、最新のドキュメントを参照してください。

- MySQL :: MySQL 8.0 Reference Manual :: 17.1.6.4 Binary Logging Options and Variables
https://dev.mysql.com/doc/refman/8.0/en/replication-options-binary-log.html#sysvar_binlog_expire_logs_seconds

例えば、バイナリログ保持期間を12時間に設定する場合は**リスト8.5**のように記述します。

リスト8.5 バイナリログ保持期間を12時間に設定

```
binlog_expire_logs_seconds=43200
```

Note バイナリログの削除

サーバやシステムを管理していると1日＝86400秒という値は頻出ですので、暗記しておくと便利です。

削除が実行されるのはバイナリログファイルが切り替わったタイミングです。容量／MySQL再起動／FLUSH LOGSなどのタイミングで削除が実行されます。

バイナリログは手動で削除することもできます。ファイル名を指定して削除するか、期間を指定して削除します。

書式 バイナリログの手動削除

```
ファイル名を指定して削除
PURGE BINARY LOGS TO 'ログファイル名';
期間を指定して削除（日時より古いバイナリログを削除）
PURGE BINARY LOGS BEFORE '日時';
```

ログファイル名はbinlog.000001などのファイル名、日時は2019-06-20 11:22:33などの日時を指定します。

大量のバイナリログを削除する処理はサーバに負荷がかかるため、日時を細かく区切るなどで慎重に実施しましょう。

バックアップとリストア

8-6 一番簡単で安全なオフライン物理バックアップ

　一番簡単でかつ安全に物理バックアップを実行するには、MySQLを停止してバックアップを取得します。以下の手順で行います。

1. MySQLを停止する

```
[root@db01 ~]# systemctl stop mysqld
```

2. バックアップを取得する

```
[root@db01 ~]# tar zcfp /backup/mysql.tar.gz /var/lib/mysql
```

3. MySQLを起動する

```
[root@db01 ~]# systemctl start mysqld
```

　この方法が簡単かつ安全ですが、MySQLを停止するためにシステム全体を停止しなければならないケースが多いです。またデータ量によってはバックアップ取得に時間がかかるため、運用中のシステムでは採用しにくい方法です。

　このバックアップをリストアする場合はMySQLを停止した上で/var/lib/mysqlをいったん削除し、バックアップしたデータを/var/lib/mysqlに配置します。

8-7 ファイルシステムスナップショットでの物理バックアップ

Linuxでは、MySQLのデータディレクトリがLVM上にマウントされており、Volume GroupにFreePEが残っている場合に利用可能です。

```
[root@db01 ~]# df -h /var/lib/mysql
ファイルシス            サイズ  使用  残り 使用% マウント位置
/dev/mapper/centos-root   12G  4.3G  7.8G   36% /
[root@db01 ~]# lsblk | grep centos-root
  └─centos-root 253:0    0   12G  0 lvm  /
```

この名前は「ボリュームグループ名-論理ボリューム名」となっています。例えば「centos-root」の場合は、ボリュームグループ名は「centos」となります。

```
[root@db01 ~]# vgdisplay centos
  --- Volume group ---
  VG Name               centos
  System ID
  Format                lvm2
  Metadata Areas        1
  Metadata Sequence No  3
  VG Access             read/write
  VG Status             resizable
  MAX LV                0
  Cur LV                2
  Open LV               2
  Max PV                0
  Cur PV                1
```

（次ページに続く）

（前ページの続き）

```
Act PV              1
VG Size             39.50 GiB
PE Size             16.00 MiB
Total PE            2528
Alloc PE / Size     832 / 13.00 GiB
Free  PE / Size     1696 / 26.50 GiB
VG UUID             k6d4HM-dlpL-o3SJ-uqGd-FrFG-JIuv-nIGwF9
```

この場合はFree PEが1696個（PE Size 16MB × Free PE 1696個 ＝ 26.5GB）あります。
スナップショット取得を行う手順は以下のとおりとなります。

1. MySQL全体をロックする（リスト8.6）

リスト8.6　MySQL全体をロック

```
FLUSH TABLES WITH READ LOCK;
```

2. 同一セッション内でSYSTEMを使いOSコマンドを発行しスナップショットを取得する（リスト8.7）

リスト8.7　スナップショットの取得

```
SYSTEM lvcreate --snapshot --size=4G --name snap /dev/centos/root
```

注：このときFile descriptor 3 [socket:[39222]] leaked on lvcreate invocation. Parent PID 6089: mysql
のような表示がなされる場合がありますが、スナップショットが作成できていれば問題ありません

3. 同時に必要な情報があれば取得する（リスト8.8、ロールフォワードリカバリを可能にするために「SHOW MASTER STATUS」を取得するのが定番）

リスト8.8　必要な情報があれば取得

```
SHOW MASTER STATUS\G
```

Part 2 現場で役立つMySQL実践テクニック 運用編

4. MySQL全体のロックを解除する（リスト8.9）

リスト8.9 ロックの解除

```
UNLOCK TABLES;
```

5. データをLVM外にコピーする（リスト8.10）

リスト8.10 データをLVM外にコピー

```
SYSTEM mount -o ro,nouuid /dev/centos/snap /mnt
SYSTEM mkdir /backup
SYSTEM tar zcfp /backup/mysql.tar.gz /mnt/var/lib/mysql
SYSTEM umount -l /mnt
```

6. スナップショットを破棄する（リスト8.11）

リスト8.11 スナップショットの破棄

```
SYSTEM lvremove /dev/centos/snap
```

　MySQL全体をロックしてからMySQL全体のロックを解除するまでの間、一切の読み書きができなくなります。しかし、一連の処理をプログラムで実行することで、1秒もかからず完了させることができます。

　表8.2の条件においての実行例は以下のとおりです。

8時間目 バックアップとリストア

表8.2 実行例における値

条件	値
スナップショット方式	LVM2（Logical Volume Manager）のスナップショット
スナップショット名	snap
/var/lib/mysqlを含むマウントポイント	/
/var/lib/mysqlを含むマウントポイントの Volume Group Name	centos
/var/lib/mysqlを含むマウントポイントの Logical Volume Name	root
/var/lib/mysqlを含むマウントポイントの Logical Volume Path	/dev/centos/root
データディレクトリ	/var/lib/mysql
作成したスナップショットのマウント先	/mnt
/var/lib/mysqlのバックアップ先	/backup/mysql.tar.gz（tar.gz 圧縮）

```
mysql> FLUSH TABLES WITH READ LOCK;
Query OK, 0 rows affected (0.01 sec)

mysql> SHOW MASTER STATUS\G
*************************** 1. row ***************************
            File: binlog.000001
        Position: 907002
    Binlog_Do_DB:
 Binlog_Ignore_DB:
Executed_Gtid_Set:
1 row in set (0.01 sec)

mysql> UNLOCK TABLES;
Query OK, 0 rows affected (0.00 sec)

mysql> SYSTEM mount -o ro,nouuid /dev/centos/snap /mnt
```

（次ページに続く）

Part 2
運用編

現場で役立つMySQL実践テクニック

（前ページの続き）

```
mysql> SYSTEM mkdir /backup
mysql> SYSTEM tar zcfp /backup/mysql.tar.gz /mnt/var/lib/mysql
tar: メンバ名から先頭の `/' を取り除きます
tar: /mnt/var/lib/mysql/mysql.sock: ソケットは無視します
mysql> SYSTEM umount -l /mnt
mysql> SYSTEM lvremove /dev/centos/snap
Do you really want to remove active logical volume centos/snap? [y/n]: y
  Logical volume "snap" successfully removed
```

このバックアップをリストアする場合は、MySQLを停止した上で/var/lib/mysql
をいったん削除し、バックアップしたデータを/var/lib/mysqlに配置します。

確認テスト

Q1 MySQLで定番の論理フルバックアップツールは何でしょうか。

Q2 バイナリログを利用したロールフォワードリカバリで復元でき
るのはどの期間でしょうか、

Q3 論理バックアップと比較して物理バックアップが優れている点
は何でしょうか。

9時間目 試して学ぶバイナリログ転送方式レプリケーション

9時間目では、MySQLが世界を席巻した理由の1つであるバイナリログ転送方式レプリケーションについて学習します。まずはレプリケーションとは、から始めて、最終的にレプリケーションクラスタが構築できるようになりましょう。

今回のゴール

- レプリケーションの目的を理解する
- バイナリログ転送方式レプリケーションの手法／特徴／制約を理解する
- バイナリログ転送方式レプリケーションを構築できる

≫ 9-1 レプリケーションを理解する

9-1-1●レプリケーションとは

　レプリケーションとは、レプリカ（Replica、複製）の名のとおり、データをインスタンスAからインスタンスBに複製する仕組みのことです。可用性向上や負荷分散の目的で利用されます。

　MySQLでは複製元をマスタ、複製先をスレーブと呼びます。MySQLではバイナリログで行います。各スレーブはバイナリログをマスタから取得しリレーログに保存します。このようにリレーログを経由してマスタのバイナリログに記録させた変更をスレーブ側で適用することでマスタと同じ状態にします。これを断続的に実施することでデータの状態を保ちます（図9.1）。

図9.1 レプリケーション

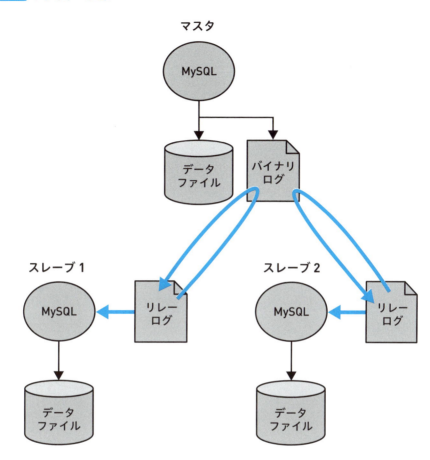

9-1-2 ● レプリケーション実装方式

　MySQLのレプリケーション実装には大きく2つあります。伝統的なバイナリログ転送を利用した方式と、グループレプリケーション方式です。

　実装上、server_idでMySQLをそれぞれ識別するため、各MySQLのserver_idの設定値はクラスタ全体でユニークである必要があります。つまり各MySQLのserver_idはすべて異なる値である必要があります。

　server_idは1〜4294967295の整数が指定可能です。server_idは、MySQL 8.0からデフォルトで1が指定されています。そのため、事故を防ぐために必ずそれぞれの

211

サーバに1以外の値を設定するようにしましょう。

なお、レプリケーションは1段構成だけでなく、多段構成も可能です（**図9.2**）。

図9.2 多段構成のレプリケーション

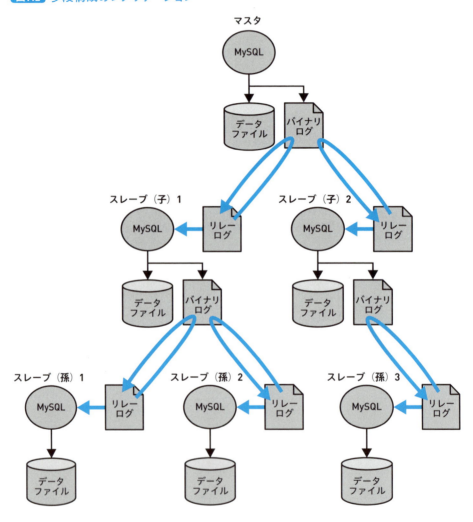

本9時間目ではバイナリログ転送方式について紹介します。

9-1-3◉伝統的なバイナリログ転送方式でのレプリケーション

バイナリログ転送方式でのレプリケーションにおいて、バイナリログの転送は基本的に非同期です。非同期方式の場合は、マスタがスレーブへの反映完了を待たないため、スレーブの負荷がマスタに遡及することがありません。ただしマスタに書き込んだデータが、いつスレーブに反映され利用可能になるかはわかりません。

非同期方式の他に準同期方式もあります。準同期方式の場合は、マスタがスレーブへの反映完了を待ちます。具体的にはマスタは、最低1つ以上のスレーブのリレーログへの書き込みが完了したのを確認してからマスタでの処理を完了とします。データベース利用者から見ると、その分クエリの所要時間が長くなりますが、データロストの心配が少なくなります。

準同期方式であればマスタにあるデータがスレーブのどれかにあることは期待できますが、たとえ準同期方式であっても、マスタに書き込んだデータがスレーブでいつ反映され利用可能になるかはわかりません。

またバイナリログの位置合わせの方式が2つあります。バイナリログの位置合わせは、いつからのバイナリログをマスタから転送してもらうか、いつからのバイナリログをスレーブ側で再生するかなどを決める際に行います。

これはバイナリログのファイル名やポジションを利用する方法、GTID（Global Transaction Identifier）を利用する方法があります。つまり2×2＝4パターンの選択肢がありますが、どのパターンであってもバイナリログに記録すべき更新処理は、マスタを起点に処理する必要があります。

バイナリログに記録されない参照系クエリはスレーブで実行しても大丈夫です。よって、更新より参照が圧倒的に多いシステムでスレーブをたくさん作って参照処理の負荷を分散したり、参照処理が重たくなりがちなデータ分析の処理をスレーブで実施することで心置きなく分析できるようにします（**図9.3**）。

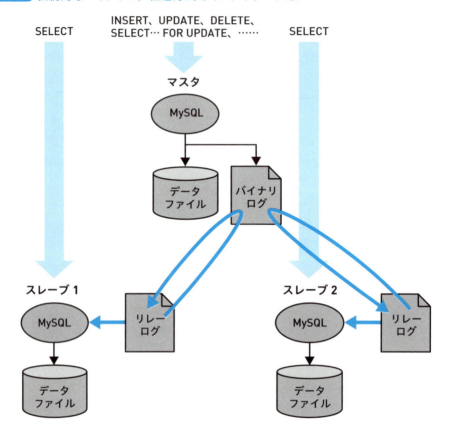

図9.3 伝統的なバイナリログ転送方式でのレプリケーション

　更新処理はマスタに接続して実行し、参照処理はマスタかスレーブに接続して実行する、という接続の振り分けはMySQLの領分ではなく、データベースから見たクライアントアプリケーションで行います。

　データベースから見た場合はクライアントアプリケーションで行います。一部ロードバランサやミドルウェアでもこの機能を持っていることをうたっているものがあります。環境やミドルウェアが成熟してくれば、新たに信頼に値するソリューションが生まれるかもしれません。

　スレーブを利用して参照系クエリを負荷分散する場合は、スレーブが2台以上でないと効果がありませんので注意してください。スレーブでもデータ更新処理自体は必要であり、更新系クエリを直接受け付けないとは言え、相応に更新処理の負荷が発生するためです。また接続先の変更／分散は、ロードバランサやDNSを利用して制御することが多いです（図9.4）。仕組みができたら、稼働中のシステムで接続先の変更が発生し

た場合にきちんと追従するか確認しましょう。特にDNSや、ネットワークレイヤで制御を行うロードバランサを利用する場合は考慮点が多いです。異常発生時に既存接続の利用を断念し再接続すること、その際に名前解決を再実施することを確認してください。

図9.4 ロードバランサ／DNSなどを利用したMySQL接続先制御

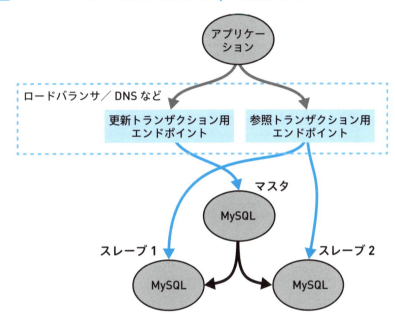

バイナリログに含まれるすべてのスキーマを対象とすることもでき、特定のデータベースや特定テーブルのみを対象とすることも可能です。同様に特定のデータベースや特定テーブルのみを除外することもできます。

9-2 バイナリログ転送方式でファイル名／ポジションを利用した非同期レプリケーションの構築

9-2-1 ● 非同期レプリケーションの構築手順

ここでは、バイナリログ転送方式でファイル名／ポジションを利用した非同期レプリケーションを構築してみます（**図9.5**）。

9
時間目 | 試して学ぶバイナリログ転送方式レプリケーション

図9.5 検証シナリオ

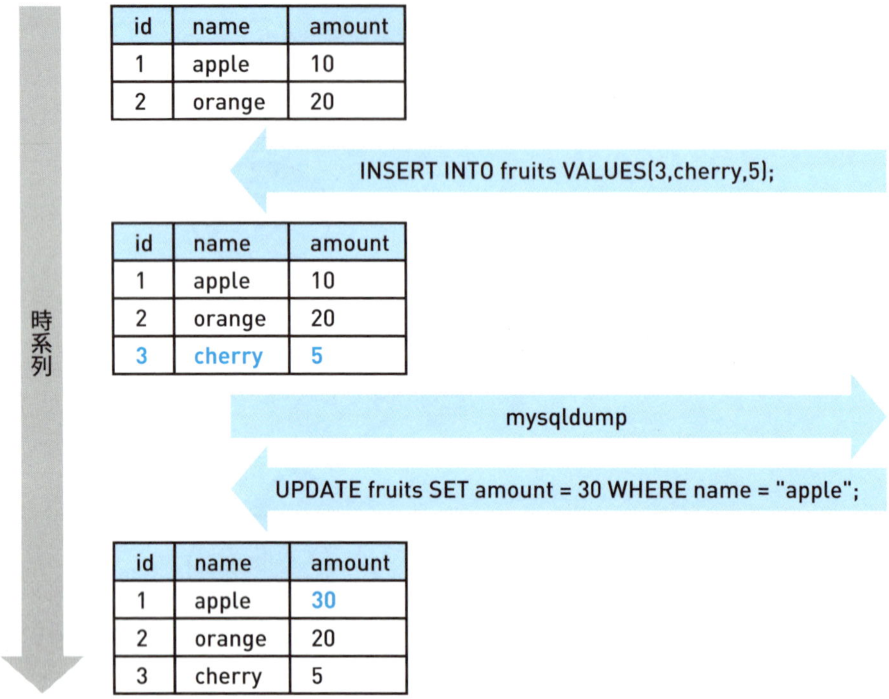

id	name	amount
1	apple	10
2	orange	20

INSERT INTO fruits VALUES(3,cherry,5);

id	name	amount
1	apple	10
2	orange	20
3	cherry	5

mysqldump

UPDATE fruits SET amount = 30 WHERE name = "apple";

id	name	amount
1	apple	30
2	orange	20
3	cherry	5

時系列

この段取りは以下の手順で行います。

① (マスタ) 下準備
　・設定変更を実施する
　・レプリケーション接続用のユーザを作成する
② (マスタ) フルバックアップ、バイナリログファイル名／ログポジション取得を行う
③ (スレーブ) 下準備
　・設定変更を実施する
④ (スレーブ) レプリケーションの構築
　・データ投入、バイナリログファイル名／ログポジション指定を行う
　・マスタサーバを指定する
　・レプリケーションを開始する

◆ (マスタ) 下準備

マスタの下準備で実施する設定は以下のとおりです。

216

- サーバID（server_id）をレプリケーション関係者全体の中で唯一の値に設定（IPアドレスなど重複しない値を元にするとよい）
- バイナリログの出力を設定（log_bin）（デフォルトONなので明示しなくてよい）

> **Note** その他の推奨設定
>
> ドキュメントでは、マスタで「innodb_flush_log_at_trx_commit=1」、「sync_binlog=1」を設定するのを推奨しています。それぞれの意味は以下のWebページで確認してください。
>
> - MySQL :: MySQL 8.0 Reference Manual :: 17.1.2.1 Setting the Replication Master Configuration
>   https://dev.mysql.com/doc/refman/8.0/en/replication-howto-masterbaseconfig.html

またレプリケーション接続用ユーザはREPLICATION SLAVE権限だけを持ったユーザを作成します。

◆（マスタ）フルバックアップ、バイナリログファイル名／ログポジション取得を行う

mysqldumpコマンドを実行する場合に--master-dataオプションをつけて、マスタのバイナリログファイル名とログポジションも同時に出力します。

◆（スレーブ）下準備

スレーブの下準備において実施する設定で必須のものは、サーバID（server_id）のみです。

◆（スレーブ）レプリケーションの構築

レプリケーションを開始するには、以下の条件が揃っている必要があります。

- バックアップした時から今までのバイナリログがすべてマスタに存在するフルバックアップ
- マスタサーバの接続先（ホスト／ポート）、レプリケーション用接続ユーザ（ユーザ名／パスワード）、レプリケーションを開始するタイミング（＝フルバックアップ取得時）のバイナリログファイル名とログポジション

データ投入は従来コマンドプロンプトのmysqlコマンドを使用しますが、mysqlコマンドのsourceコマンドでも実行可能です。

もしスレーブにする予定のサーバがかつてマスタまたはスレーブとして稼働していたことがある場合は、過去のステータスが残っている可能性がありますので、「RESET MASTER」と「RESET SLAVE」を実行してからデータを投入してください。

マスタサーバの指定は「CHANGE MASTER」で行います。同時にマスタサーバの接続先（ホスト／ポート）と接続ユーザ（ユーザ名／パスワード）、バイナリログファイル名／ログポジションを指定します。

すべての情報が揃ったら「START SLAVE」でレプリケーションを開始します。正常にレプリケーションが開始できた場合は、ほどなくフルバックアップ取得後の操作もスレーブに反映されます。

スレーブのレプリケーション状態は「SHOW SLAVE STATUS」で確認できます。

9-2-2◉試してみよう

表9.1のサーバ構成を前提として検証していきましょう。

表9.1 サーバ構成

サーバ名	IPアドレス	server_id	役割
db11	192.168.30.11	11	マスタ
db12	192.168.30.12	12	スレーブ1
db13	192.168.30.13	13	スレーブ2

お互いのホスト名とIPアドレスが正引きできるよう、DNSまたは/etc/hostsを設定してください。/etc/hostsの場合は、**リスト9.1**の3行が記述されていれば問題ありません。

リスト9.1 /etc/hostsの記述例

```
192.168.30.11 db11
192.168.30.12 db12
192.168.30.13 db13
```

/etc/hostsに記述がない場合は、以下のコマンドを各サーバで実行し、設定後にMySQLを再起動します。

```
[root@db11 ~]# echo "192.168.30.11 db11" | tee -a /etc/hosts
[root@db11 ~]# echo "192.168.30.12 db12" | tee -a /etc/hosts
[root@db11 ~]# echo "192.168.30.13 db13" | tee -a /etc/hosts
[root@db11 ~]# systemctl restart mysqld
```

ここからの段取りは、前述のとおり以下のように行っていきます。

① (マスタ) 下準備
- 設定変更を実施する
- レプリケーション接続用のユーザを作成する

② (マスタ) フルバックアップ、バイナリログファイル名／ログポジション取得を行う

③ (スレーブ) 下準備
- 設定変更を実施する

④ (スレーブ) レプリケーションの構築
- データ投入、バイナリログファイル名／ログポジション指定を行う
- マスタサーバを指定する
- レプリケーションを開始する

> **Note** **Vagrantを利用した実習環境構築**
>
> 本書ではこれまでもVagrantを利用した実習環境で進めてきました。本時間目で利用する実習環境についても、以下のように実行すると利用できます。
>
> ```
> C:¥centos>vagrant status
> Current machine states:
>
> db01                      poweroff (virtualbox)
> db11                      not created (virtualbox)
> db12                      not created (virtualbox)
> db13                      not created (virtualbox)
>
> C:¥centos>vagrant up db11 db12 db13
> ```
>
> (次ページに続く)

9
時間目 試して学ぶバイナリログ転送方式レプリケーション

```
(前ページの続き)

Bringing machine 'db11' up with 'virtualbox' provider...
Bringing machine 'db12' up with 'virtualbox' provider...
Bringing machine 'db13' up with 'virtualbox' provider...
==> db11: Importing base box 'centos7.box'...
==> db11: Matching MAC address for NAT networking...
==> db11: Setting the name of the VM: centos_db11_1568692683302_48291
==> db11: Fixed port collision for 22 => 2222. Now on port 2200.
==> db11: Clearing any previously set network interfaces...
略
==> db13: Configuring and enabling network interfaces...
==> db13: Mounting shared folders...
    db13: /vagrant => C:/centos


C:¥centos>vagrant ssh db11
[vagrant@db11 ~]$
```

◆ マスタでの操作

設定ファイルにserver_idを記述して反映します。

```
マスタ
[root@db11 ~]# systemctl stop mysqld
[root@db11 ~]# echo "server_id=11" | tee -a /etc/my.cnf
[root@db11 ~]# systemctl start mysqld
```

　MySQLにrootでログインし、レプリケーション接続用ユーザを作成します。ここ
ではreplという名前で、接続元は%（制限なし）としています（**リスト9.2**）。なお、実運
用ではIPアドレスで制限をかけてください。MySQL8.0以降、デフォルトの認証プラ
グインがmysql_native_passwordからcaching_sha2_passwordに変更されましたが、
本書のレプリケーション構成では簡単のためにmysql_native_passwordを利用します。

現場で役立つMySQL実践テクニック

リスト9.2 レプリケーション接続用ユーザの作成（マスタ）

```
@master
CREATE USER 'repl'@'%' IDENTIFIED WITH mysql_native_password BY 'REPL-Password1';
GRANT REPLICATION SLAVE ON *.* TO 'repl'@'%';
FLUSH PRIVILEGES;
```

　これで下準備が完了しました。検証用のデータを投入し、途中でmysqldumpコマンドを実行してフルバックアップを取得します（**リスト9.3**）。

リスト9.3 検証用データの投入とフルバックアップの取得（マスタ）

```
@master
バイナリログが有効 (ON) になっていることを確認
SHOW VARIABLES LIKE 'log_bin';
データ投入
CREATE DATABASE IF NOT EXISTS term09db;
USE term09db;
CREATE TABLE repl_example (id INT, name VARCHAR(20), amount INT);
INSERT INTO repl_example VALUES (1, "apple", 10);
INSERT INTO repl_example VALUES (2, "orange", 20);
地点1: バックアップ取得
SYSTEM mysqldump -u root -p --all-databases --master-data >/tmp/dump_repl_ ↵
example.sql
INSERT INTO repl_example VALUES (3, "cherry", 5);
地点2
UPDATE repl_example SET amount=30 WHERE name="apple";
地点3
```

◆スレーブ1での操作

　設定ファイルにserver_idを記述し反映します。

9
時間目 試して学ぶバイナリログ転送方式レプリケーション

```
スレーブ1
〔root@db12 ~〕# systemctl stop mysqld
〔root@db12 ~〕# echo "server_id=12" | tee -a /etc/my.cnf
〔root@db12 ~〕# systemctl start mysqld
```

　マスタサーバからフルバックアップデータを取得して投入します。なおVagrant
を利用している場合、scpコマンドでのvagrantユーザのパスワードは「vagrant」で
す（**リスト9.4**）。

```
スレーブ1
マスタからフルバックアップデータを取得（「Are you sure you want to continue connecting
(yes/no)?」が出たらyes
〔root@db12 ~〕# scp vagrant@192.168.30.11:/tmp/dump_repl_example.sql dump_repl_ ↵
example.sql
```

リスト9.4 フルバックアップデータを取得して投入（スレーブ1）

```
@slave1
データ投入
source dump_repl_example.sql
FLUSH PRIVILEGES;
現状データを確認
USE term09db;
SELECT * FROM repl_example ORDER BY id;
ダンプファイルに記述されたMASTER_LOG_FILE, MASTER_LOG_POSを確認
SYSTEM grep "^CHANGE MASTER" dump_repl_example.sql
マスタサーバ指定
CHANGE MASTER TO
    MASTER_HOST="192.168.30.11",
    MASTER_USER="repl",
    MASTER_PASSWORD="REPL-Password1",
```

（次ページに続く）

222

Part 2
現場で役立つMySQL実践テクニック　運用編

（前ページの続き）

```
    MASTER_LOG_FILE="binlog.000002",
    MASTER_LOG_POS=1892;
```
← この1892は前のSYSTEMコマンドで出力された MASTER_LOG_POSに変更する

レプリケーション開始
```
START SLAVE;
```

レプリケーション状態を確認
```
SHOW SLAVE STATUS\G
```

最新データを確認
```
SELECT * FROM repl_example ORDER BY id;
```

現状データを確認の段階ではデータは地点1のものになっているはずです。

```
mysql> SELECT * FROM repl_example ORDER BY id;
+------+--------+--------+
| id   | name   | amount |
+------+--------+--------+
|    1 | apple  |     10 |
|    2 | orange |     20 |
+------+--------+--------+
2 rows in set (0.00 sec)
```

レプリケーションの状態は**表9.2**のようになっていれば問題ありません。

表9.2 レプリケーションの状態

項目	値
Slave_IO_State	Waiting for master to send event
Master_Host	CHANGE MASTER で指定した値（192.168.30.11）
Master_User	CHANGE MASTER で指定した値（repl）
Master_Port	CHANGE MASTER で指定した値（3306）
Master_Log_File	マスタサーバの確認時点での最新のバイナリログファイル名（binlog.000002など）

（次ページに続く）

223

（前ページの続き）

Read_Master_Log_Pos	マスタサーバの確認時点での最新のバイナリログポジション（1892など）
Slave_IO_Running	Yes（他の値の場合はLast_Error Last_IO_Errorなどを見て原因を確認する）
Slave_SQL_Running	Yes（他の値の場合はLast_Error Last_SQL_Errorなどを見て原因を確認する）
Seconds_Behind_Master	0
Master_Server_Id	マスタサーバのserver_id設定値（11）

最新データは地点3のものになっているはずです。

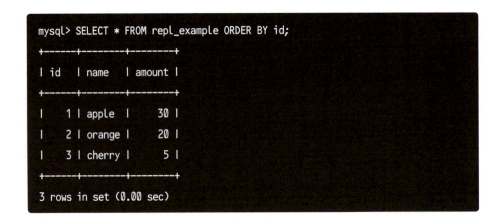

◆スレーブ2での操作

スレーブ1での操作と同じ内容をスレーブ2で実行します。server_idの値だけ12を13に変えます。詳細は記述しませんので、スレーブ1での操作を参考に実行してみてください。

◆マスタでデータを操作して伝搬していることを確認する

マスタでデータを操作して、マスタと各スレーブで「SELECT」を実行して結果を見てみましょう（**リスト9.5**）。

Part 2 現場で役立つMySQL実践テクニック **運用編**

リスト9.5 SELECTを実行（マスタ）

```
@master
USE term09db;
INSERT INTO repl_example VALUES (4, "pine", 3);
UPDATE repl_example SET amount=50 WHERE name="cherry";
DELETE FROM repl_example WHERE name="orange";
SELECT * FROM repl_example ORDER BY id;
```

```
マスタ
mysql> SELECT * FROM repl_example ORDER BY id;
+------+--------+--------+
| id   | name   | amount |
+------+--------+--------+
|    1 | apple  |     30 |
|    3 | cherry |     50 |
|    4 | pine   |      3 |
+------+--------+--------+
3 rows in set (0.00 sec)
```

```
スレーブ1
mysql> SELECT * FROM repl_example ORDER BY id;
+------+--------+--------+
| id   | name   | amount |
+------+--------+--------+
|    1 | apple  |     30 |
|    3 | cherry |     50 |
|    4 | pine   |      3 |
+------+--------+--------+
3 rows in set (0.00 sec)
```

9時間目 試して学ぶバイナリログ転送方式レプリケーション

```
スレーブ2
mysql> SELECT * FROM repl_example ORDER BY id;
+----+--------+--------+
| id | name   | amount |
+----+--------+--------+
|  1 | apple  |     30 |
|  3 | cherry |     50 |
|  4 | pine   |      3 |
+----+--------+--------+
3 rows in set (0.00 sec)
```

Note 同期時のエラー対応について

　マスタ／スレーブのレプリケーション構成を構築した後は、エラーが出ない限り自動的に同期し続けます。

　ただし、データ不整合（主キー重複）などで停止することがまれにあります。「SHOW SLAVE STATUS」で原因がわかります。

　基本的にフルバックアップを取得してレプリケーション構成を再構築する必要がありますが、無視してもよいエラーだとわかっている場合は、「SET GLOBAL SQL_SLAVE_SKIP_COUNTER=1」として「START SLAVE」を実行することでクエリを1回飛ばして同期を再開することができます。

　ただし、ほとんどのケースにおいてデータ不整合はデータベースにとって致命傷です。繰り返しになりますが、基本的にフルバックアップを取得してレプリケーション構成を再構築する必要があります。

9-3 バイナリログ転送方式ファイル名／ポジションを利用した非同期レプリケーションでのマスタ切り替え／昇格／レプリケーション再構築

9-3-1 ● 非同期レプリケーションのトラブルシューティング手順

マスタが何らかの理由で利用できなくなったと仮定して、トラブルシューティングのロールプレイをしてみましょう。

この段取りは以下の手順で行います。

① 各スレーブの中から、新たにマスタにするサーバを選ぶ
② 新マスタを親としてレプリケーションを再構成する
③ 参照処理／更新処理の接続先を変更する

◆ 各スレーブの中から、新たにマスタにするサーバを選ぶ

データベース利用者に対してデータロスト（損失）を一番少なくするために、同期が一番進んでいるスレーブを次のマスタにします。

具体的には各スレーブの「SHOW SLAVE STATUS」で確認して、Master_Log_file と Read_Master_Log_Pos が一番進んでおり、Read_Master_Log_Pos と Exec_Master_Log_Pos が一致するまで待ちデータ反映が完了してから作業を始めます。

進捗が同じサーバが複数ある場合はどれでもよいです。

◆ 新マスタを親としてレプリケーションを再構成する

新マスタと各スレーブの進み具合が同じ場合は、新マスタの「SHOW MASTER STATUS」の結果をもとに、各スレーブにて「CHANGE MASTER」を実行し、スレーブを付け替えます。

もしスレーブごとに進み具合に差がある場合、新マスタと差があるスレーブはデータ再投入から実施する必要があるため、初期構成の際と同じように新マスタのバックアップを取得しスレーブに投入するところから実施してください。

◆ 参照処理／更新処理の接続先を変更する

更新処理を含むトランザクションの発行先を新マスタに変更する必要があります。

もし元マスタで参照処理をしないようにしている場合は、参照処理用の接続先から新マスタを外すのがよいでしょう。

9-3-2 ● 試してみよう

引き続き**表9.3**のサーバ構成を前提に検証します。

表9.3 サーバ構成

サーバ名	IPアドレス	server_id	役割
db11	192.168.30.11	11	マスタ（停止する）
db12	192.168.30.12	12	スレーブ1
db13	192.168.30.13	13	スレーブ2

まずは障害を起こします。今回はマスタのdb11でMySQLを停止します。

```
db11
[root@db11 ~]# systemctl stop mysqld
```

◆ **各スレーブの中から新たなマスタサーバを選ぶ**

db12、db13でレプリケーション状態を確認します。

```
db12
mysql> SHOW SLAVE STATUS\G
*************************** 1. row ***************************
略
                  Master_Log_File: binlog.000003
              Read_Master_Log_Pos: 1100
略
                 Slave_IO_Running: Connecting
                Slave_SQL_Running: Yes
略
```

（次ページに続く）

（前ページの続き）

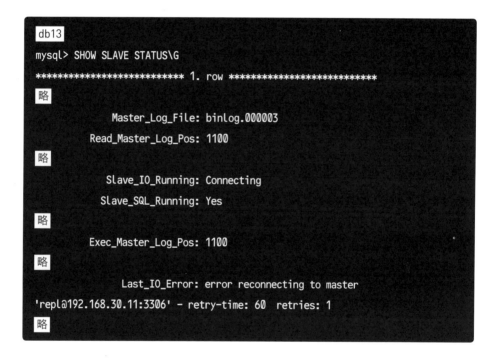

どちらも同じエラーが出ています。どちらも同じ進捗ですので、今回はdb12を新マスタにして、db13のマスタ参照先をdb12に付け替えることにします。

◆ **新マスタを親としてレプリケーションを再構築する**

レプリケーションを再構築することを決めたので、何かの拍子にdb11（もともとのマスタ）が起動してレプリケーションが再開されてしまわないように、まずはdb12のスレーブとしての設定を消去します（**リスト9.6**）。その後でdb13をdb12の配下につけ直します。

> **リスト9.6** 設定の消去（db12）

```
@db12
スレーブとしての設定を消去
STOP SLAVE;
RESET SLAVE ALL;
ログファイル名とログポジションを確認
SHOW MASTER STATUS;
```

前のレプリケーション設定を消した上で、データを投入してレプリケーションを再構築します（**リスト9.7**）。

> **リスト9.7** レプリケーションの再構築（db13）

```
@db13
STOP SLAVE;
RESET SLAVE ALL;
マスタサーバを指定し直す
CHANGE MASTER TO
    MASTER_HOST="192.168.30.12",
    MASTER_USER="repl",
    MASTER_PASSWORD="REPL-Password1",
    MASTER_LOG_FILE="binlog.000002",    ← db12の SHOW MASTER STATUS の
                                           結果をもとに変更する
    MASTER_LOG_POS=854508;    ← db12の SHOW MASTER STATUS の
                                 結果をもとに変更する
レプリケーション開始
START SLAVE;
レプリケーション状態を確認
SHOW SLAVE STATUS\G
```

◆ 参照処理／更新処理の接続先を変更する

　今回は特にありませんが、アプリケーションやロードバランサの設定変更を行います。新しいマスタ（db12）に書き込んで、新しいマスタ（db12）と新しいスレーブ（db13）にデータが格納されるか確認しましょう（**リスト9.8**〜**リスト9.9**）。

現場で役立つMySQL実践テクニック Part 2 運用編

リスト9.8 接続先を変更する（db12）

```
@db12
USE term09db;
INSERT INTO repl_example VALUES (5, "kiwi", 22);
SELECT * FROM repl_example ORDER BY id;
```

リスト9.9 接続先を変更する（db13）

```
@db13
USE term09db;
SELECT * FROM repl_example ORDER BY id;
```

どちらのサーバでも以下の結果になり、もともとのデータを引き継ぎつつ、新しい変更が両方に反映できていることが確認できます。

```
db12、db13のどちらの場合も
mysql> SELECT * FROM repl_example ORDER BY id;
+------+--------+--------+
| id   | name   | amount |
+------+--------+--------+
|    1 | apple  |     30 |
|    3 | cherry |     50 |
|    4 | pine   |      3 |
|    5 | kiwi   |     22 |
+------+--------+--------+
4 rows in set (0.00 sec)
```

試して学ぶバイナリログ転送方式レプリケーション

9-4 バイナリログ転送方式でGTIDを利用した非同期レプリケーションの構築

　バイナリログ転送方式でGTID（Global Transaction Identifier）を利用した非同期レプリケーションを構築してみます。

　GTIDは「source_id:transaction_id」の形式で、source_idはサーバごとにユニークなID（UUID）、transaction_idはトランザクション番号（連番）です。transaction_idは「1-10」のように範囲で表現することが可能です（**リスト9.10**）。

リスト9.10 GTIDの例

```
f257e4a6-2828-11e8-8699-080027dd486f:9-10
```

9-4-1 ● 非同期レプリケーションの構築手順

　レプリケーション構築の段取りは、ファイル名／ポジションを利用した場合（9-2-1参照）と同じ手順で行います。

① （マスタ）下準備
　・設定変更を実施する
　・レプリケーション接続用のユーザを作成する
② （マスタ）フルバックアップ、バイナリログファイル名／ログポジション取得を行う
③ （スレーブ）下準備
　・設定変更を実施する
④ （スレーブ）レプリケーションの構築
　・データ投入、バイナリログファイル名／ログポジション指定を行う
　・マスタサーバを指定する
　・レプリケーションを開始する

◆（マスタ）下準備

　マスタの下準備で実施する設定は以下のとおりです。ファイル名／ログポジションを利用した場合（9-2-1参照）よりも設定項目が増えています。

- サーバID（server_id）をレプリケーション関係者全体の中で唯一の値に設定（IPアドレスなど重複のない値をもとにするとよい）
- バイナリログの出力を設定（log_bin）（デフォルトONなので明示しなくてよい）
- GTIDを有効化（gtid_mode=ON）
- GTID非対応のクエリをエラーとする（enforce_gtid_consistency）
- レプリケーションによる更新もバイナリログに記録する（log_slave_updates）

レプリケーション接続用ユーザは、ファイル名／ポジションを利用した場合と同じく REPLICATION SLAVE権限だけを持ったユーザを作成します。

◆（マスタ）フルバックアップ、バイナリログファイル名／ログポジション取得を行う

mysqldumpコマンドを実行する場合に --master-dataオプションだけでなく、--triggersオプション、--routinesオプション、--eventsオプションもつけます（つけないとWarningが表示されます）。

◆（スレーブ）下準備

ファイル名／ログポジションを利用した場合とは異なり、スレーブでもserver_id以外はマスタと同じ項目を設定します（ファイル名／ログポジションを利用した場合と同様に、サーバIDはそれぞれ個別に設定してください）。

◆（スレーブ）レプリケーションの構築

レプリケーションを開始するには、以下の条件が揃っている必要があります。

- バックアップした時から今までのバイナリログがすべてマスタに存在するフルバックアップ
- マスタサーバの接続先（ホスト／ポート）、レプリケーション用接続ユーザ（ユーザ名／パスワード）、レプリケーションを開始するタイミング（＝フルバックアップ取得時）のバイナリログファイル名とログポジション

データ投入はmysqlコマンドでも、mysqlコマンドのsourceコマンドでも実行可能です。フルバックアップの中にGTIDを設定する記述が含まれています。

もしスレーブにする予定のサーバがかつてマスタまたはスレーブとして稼働していたことがある場合は、過去のステータスが残っている可能性がありますので、「RESET MASTER」と「RESET SLAVE」を実行してからデータを投入してください。

マスタサーバの指定は「CHANGE MASTER」で行います。同時にマスタサーバの接続先（ホスト／ポート）と接続ユーザ（ユーザ名／パスワード）、バイナリログファ

イル名／ログポジションを指定せず、代わりに「MASTER_AUTO_POSITION=1」
と設定します。

すべての情報が揃ったら「START SLAVE」でレプリケーションを開始します。正
常にレプリケーションが開始できた場合は、ほどなくフルバックアップ取得後の操作
もスレーブに反映されます。

スレーブのレプリケーション状態は、「SHOW SLAVE STATUS」で確認できます。

9-4-2●試してみよう

表9.4のサーバ構成を前提として検証しましょう（サーバはすべてリセットした状
態で始めます）。

表9.4 サーバ構成

サーバ名	IPアドレス	server_id	役割
db11	192.168.30.11	11	マスタ
db12	192.168.30.12	12	スレーブ1
db13	192.168.30.13	13	スレーブ2

◆ マスタでの操作

設定ファイルにserver_id、log_slave_updates、gtid_mode、enforce_gtid_
consistencyを記述して反映します。

```
マスタ
[root@db11 ~]# systemctl stop mysqld
[root@db11 ~]# echo "server_id=11"              | tee -a /etc/my.cnf
[root@db11 ~]# echo "log_slave_updates"         | tee -a /etc/my.cnf
[root@db11 ~]# echo "gtid_mode=ON"              | tee -a /etc/my.cnf
[root@db11 ~]# echo "enforce_gtid_consistency" | tee -a /etc/my.cnf
[root@db11 ~]# systemctl start mysqld
```

バイナリログファイル名／ログポジションの場合と同様に、MySQLにrootでログ
インしレプリケーション接続用ユーザを作成します（**リスト9.11**）。ここでは、repl
という名前で、接続元は％（制限なし）としています（実運用ではIPアドレスで制限を
かけてください）。

Part 2
運用編

現場で役立つMySQL実践テクニック

リスト9.11 レプリケーション接続用ユーザの作成（マスタ）

```
@master
CREATE USER 'repl'@'%' IDENTIFIED WITH mysql_native_password BY 'REPL-Password2';
GRANT REPLICATION SLAVE ON *.* TO 'repl'@'%';
FLUSH PRIVILEGES;
```

　これで下準備が完了しました。検証用のデータを投入し、途中でmysqldumpコマンドを実行してフルバックアップを取得します（**リスト9.12**）。

リスト9.12 検証用データの投入とフルバックアップの取得（db11）

```
@db11
バイナリログが有効（ON）になっていることを確認
SHOW VARIABLES LIKE 'log_bin';
GTIDがONになっていることを確認
SHOW VARIABLES LIKE 'gtid_mode';
データ投入
CREATE DATABASE IF NOT EXISTS term09db;
USE term09db;
CREATE TABLE repl_example_gtid (id INT, name VARCHAR(20), amount INT);
INSERT INTO repl_example_gtid VALUES (1, "apple", 10);
INSERT INTO repl_example_gtid VALUES (2, "orange", 20);
地点1: バックアップ取得
SYSTEM mysqldump -u root -p --all-databases --triggers --routines --events ↘
--master-data >/tmp/dump_repl_example_gtid.sql
INSERT INTO repl_example_gtid VALUES (3, "cherry", 5);
地点2
UPDATE repl_example_gtid SET amount=30 WHERE name="apple";
地点3
```

◆スレーブ1での操作

　マスタと同様の設定を行います。server_idの値だけ変更が必要です。

235

9
時間目 | 試して学ぶバイナリログ転送方式レプリケーション

```
db12
[root@db12 ~]# systemctl stop mysqld
[root@db12 ~]# echo "server_id=12"              | tee -a /etc/my.cnf
[root@db12 ~]# echo "log_slave_updates"         | tee -a /etc/my.cnf
[root@db12 ~]# echo "gtid_mode=ON"              | tee -a /etc/my.cnf
[root@db12 ~]# echo "enforce_gtid_consistency" | tee -a /etc/my.cnf
[root@db12 ~]# systemctl start mysqld
```

マスタサーバからフルバックアップデータを取得し投入します（**リスト9.13**）。

```
db12
マスタからフルバックアップデータを取得（「Are you sure you want to continue
connecting (yes/no)?」が出たらyes
[root@db12 ~]# scp vagrant@192.168.30.11:/tmp/dump_repl_example_gtid.sql
dump_repl_example_gtid.sql
```

リスト9.13 フルバックアップデータを取得して投入（db12）

```
@db12
データ投入
source dump_repl_example_gtid.sql
FLUSH PRIVILEGES;
現状データを確認
USE term09db;
SELECT * FROM repl_example_gtid ORDER BY id;
マスタサーバ指定
CHANGE MASTER TO
    MASTER_HOST="192.168.30.11",
    MASTER_USER="repl",
    MASTER_PASSWORD="REPL-Password2",
    MASTER_AUTO_POSITION=1;
```

（次ページに続く）

Part 2
現場で役立つMySQL実践テクニック **運用編**

（前ページの続き）

レプリケーション開始

```
START SLAVE;
```

レプリケーション状態を確認

```
SHOW SLAVE STATUS\G
```

最新データを確認

```
SELECT * FROM repl_example_gtid ORDER BY id;
```

現状データを確認の段階ではデータは地点1のものになっているはずです。

```
mysql> SELECT * FROM repl_example_gtid ORDER BY id;
+------+--------+--------+
| id   | name   | amount |
+------+--------+--------+
|    1 | apple  |     10 |
|    2 | orange |     20 |
+------+--------+--------+
2 rows in set (0.00 sec)
```

レプリケーションの状態は**表9.5**のようになっていれば問題ありません。

表9.5 レプリケーションの状態

項目	値
Slave_IO_State	Waiting for master to send event
Master_Host	CHANGE MASTERで指定した値（192.168.30.11）
Master_User	CHANGE MASTERで指定した値（repl）
Master_Port	CHANGE MASTERで指定した値（3306）
Slave_IO_Running	Yes（他の値の場合はLast_Error Last_IO_Errorなどを見て原因を確認する）
Slave_SQL_Running	Yes（他の値の場合はLast_Error Last_SQL_Errorなどを見て原因を確認する）
Seconds_Behind_Master	0

（次ページに続く）

Master_Server_Id	マスタサーバのserver_id設定値(11)
Master_UUID	マスタサーバのデータディレクトリ直下auto.cnfに指定された値
Auto_Position	1

最新データは地点3のものになっているはずです。

```
mysql> SELECT * FROM repl_example_gtid ORDER BY id;
+------+--------+--------+
| id   | name   | amount |
+------+--------+--------+
|    1 | apple  |     30 |
|    2 | orange |     20 |
|    3 | cherry |      5 |
+------+--------+--------+
3 rows in set (0.00 sec)
```

◆スレーブ2での操作

スレーブ1での操作と同じ内容をスレーブ2で実行します。server_idの値だけ12を13に変えます。詳細は記述しませんので、スレーブ1での操作を参考に実行してみてください。

◆マスタでデータを操作して伝搬していることを確認する

マスタでデータを操作して、マスタと各スレーブで「SELECT」を実行して結果を見てみましょう(**リスト9.14**)。

リスト9.14 SELECTを実行(マスタ)

```
@db11
USE term09db;
INSERT INTO repl_example_gtid VALUES (4, "pine", 3);
UPDATE repl_example_gtid SET amount=50 WHERE name="cherry";
DELETE FROM repl_example_gtid WHERE name="orange";
SELECT * FROM repl_example_gtid ORDER BY id;
```

現場で役立つMySQL実践テクニック **Part 2** 運用編

```
db11
mysql> SELECT * FROM repl_example_gtid ORDER BY id;
+------+--------+--------+
| id   | name   | amount |
+------+--------+--------+
|    1 | apple  |     30 |
|    3 | cherry |     50 |
|    4 | pine   |      3 |
+------+--------+--------+
3 rows in set (0.00 sec)
```

```
db12
mysql> SELECT * FROM repl_example_gtid ORDER BY id;
+------+--------+--------+
| id   | name   | amount |
+------+--------+--------+
|    1 | apple  |     30 |
|    3 | cherry |     50 |
|    4 | pine   |      3 |
+------+--------+--------+
3 rows in set (0.00 sec)
```

```
db13
mysql> SELECT * FROM repl_example_gtid ORDER BY id;
+------+--------+--------+
| id   | name   | amount |
+------+--------+--------+
|    1 | apple  |     30 |
|    3 | cherry |     50 |
|    4 | pine   |      3 |
+------+--------+--------+
3 rows in set (0.00 sec)
```

> **Note** レプリケーションエラー発生時の対処方法
>
> 　GTIDを利用した場合もマスタ／スレーブのレプリケーション構成を構築した後はエラーが出ない限り自動的に同期し続けます。
> 　ただしデータ不整合などで停止することがまれにあります。「SHOW SLAVE STATUS」で原因がわかります。
> 　無視してもよいエラーだとわかっている場合のスキップの仕方がバイナリログファイル名／ポジションを利用する場合と異なります。
> 　GTIDを利用している場合は、**リスト9.15**のようにGTIDを直接指定して空トランザクションを発行し自動に戻してください。
>
> **リスト9.15** 空トランザクションを発行
>
> ```
> SET GTID_NEXT="uuuu-uuuu-iiii-dddd:NNN";
> BEGIN; COMMIT;    ← 空トランザクション
> SET GTID_NEXT="AUTOMATIC";
> ```
>
>
>
> 　ただしほとんどのケースにおけるデータ不整合はデータベースにとって致命傷となります。繰り返しになりますが、基本的にフルバックアップを取得してレプリケーション構成を再構築する必要があります。

9-5　バイナリログ転送方式GTIDを利用した非同期レプリケーションでのマスタ切り替え／昇格／レプリケーション再構築

9-5-1 ●トラブルシューティングの流れ

　マスタが何らかの理由で利用できなくなったと仮定して、トラブルシューティングのロールプレイをしてみましょう。
　段取りはバイナリログファイル名／ポジションを利用する場合と同じく以下のとおりです。

① 各スレーブの中から新たにマスタにするサーバを選ぶ
② 新マスタを親としてレプリケーションを再構成する
③ 参照処理／更新処理の接続先を変更する

◆ 各スレーブの中から新たにマスタにするサーバを選ぶ

データベース利用者に対してデータロスト（損失）を一番少なくするために、同期が一番進んでいるスレーブを次のマスタにします。

具体的には各スレーブの「SHOW SLAVE STATUS」を見てRetrieved_Gtid_Setが一番進んでおり、Executed_Gtid_Set が Retrieved_Gtid_Setの最新の数字と同じところにくるまで待ちデータ反映が完了してから作業を始めます。
進捗が同じサーバが複数ある場合はどれでもよいです。

◆ 新マスタを親としてレプリケーションを再構成する

新マスタと各スレーブの進み具合が同じ場合は、新マスタの「SHOW MASTER STATUS」をもとに、各スレーブにて「CHANGE MASTER」を行い、スレーブを付け替えます。

もしスレーブごとに進み具合に差がある場合、新マスタと差があるスレーブはデータ再投入から実施する必要があるため、初期構成の際と同じように新マスタのバックアップを取得しスレーブに投入するところから実施してください。

◆ 参照処理／更新処理の接続先を変更する

更新処理を含むトランザクションの発行先を新マスタにしてもらう必要があります。もし元マスタで参照処理をしないようにしていたのであれば、参照処理用の接続先から新マスタを外すのがよいでしょう。

9-5-2 ● 試してみよう

表9.6のサーバ構成を前提として検証しましょう。

表9.6 サーバ構成

サーバ名	IPアドレス	server_id	役割
db11	192.168.30.11	11	マスタ（停止する）
db12	192.168.30.12	12	スレーブ1
db13	192.168.30.13	13	スレーブ2

241

まずは障害を発生させます。今回もマスタのdb11でMySQLを停止します。

```
@db11
[root@db11 ~]# systemctl stop mysqld
```

◆ 各スレーブの中から新たにマスタにするサーバを選ぶ

次にdb12、db13でレプリケーション状態を確認します。

```
@db12
mysql> SHOW SLAVE STATUS\G
*************************
* 1. row *************************
略
            Retrieved_Gtid_Set: b62d377e-5789-11e8-8ea2-0800270f9bb4:10-14
             Executed_Gtid_Set: b62d377e-5789-11e8-8ea2-0800270f9bb4:1-14,
b769c47a-5789-11e8-a305-0800270f9bb4:1-3
略
```

```
@db13
mysql> SHOW SLAVE STATUS\G
*************************** 1. row ***************************
略
            Retrieved_Gtid_Set: b62d377e-5789-11e8-8ea2-0800270f9bb4:10-14
             Executed_Gtid_Set: b62d377e-5789-11e8-8ea2-0800270f9bb4:1-14,
b8cf48ed-5789-11e8-86b8-0800270f9bb4:1-3
略
```

どちらも同じエラーが出力されています。どちらも同じ進捗（b62d377e-5789-11e8-8ea2-0800270f9bb4:14まで実行済み）ですので、今回はdb12を新マスタにし、db13のマスタ参照先をdb12に付け替えることにします。

Part 2 現場で役立つMySQL実践テクニック 運用編

◆ 新マスタを親としてレプリケーションを再構成する

レプリケーションを再構築することを決めたので、何らかの拍子にdb11（もともとのマスタ）が起動し、レプリケーションが再開されてしまわないよう、スレーブとしての設定を消去してからバックアップを取得します（**リスト9.16**）。

リスト9.16 スレーブとしての設定を消去（db12）

```
@db12

スレーブとしての設定を消去
STOP SLAVE;

RESET SLAVE ALL;
```

前のレプリケーション設定を消した上で、データを投入してレプリケーションを再構築します（**リスト9.17**）。

リスト9.17 データを投入してレプリケーションを再構築（db13）

```
@db13
再構築のため初期化
STOP SLAVE;

RESET SLAVE ALL;
マスタサーバ指定
CHANGE MASTER TO
    MASTER_HOST="192.168.30.12",
    MASTER_USER="repl",
    MASTER_PASSWORD="REPL-Password2",
    MASTER_AUTO_POSITION=1;
レプリケーション開始
START SLAVE;
レプリケーション状態を確認
SHOW SLAVE STATUS\G
```

243

◆参照処理／更新処理の接続先を変更する

　今回は特にありませんが、アプリケーションやロードバランサの設定変更を行います。　新しいマスタ（db12）に書き込んで、新しいマスタ（db12、**リスト9.18**）と新しいスレーブ（db13、**リスト9.19**）にデータが格納されるか確認しましょう。

リスト9.18 データ格納の確認（新しいマスタ）

```
@db12
USE term09db;
INSERT INTO repl_example_gtid VALUES (5, "kiwi", 22);
SELECT * FROM repl_example_gtid ORDER BY id;
```

リスト9.19 データ格納の確認（新しいスレーブ）

```
@db13
USE term09db;
SELECT * FROM repl_example_gtid ORDER BY id;
```

　どちらのサーバでも以下のような結果になり、もともとのデータを引き継ぎつつ、新しい変更が両方に反映できていることが確認できます。

```
db12、db13どちらでも
mysql> SELECT * FROM repl_example_gtid ORDER BY id;
+------+--------+--------+
| id   | name   | amount |
+------+--------+--------+
|    1 | apple  |     30 |
|    3 | cherry |     50 |
|    4 | pine   |      3 |
|    5 | kiwi   |     22 |
+------+--------+--------+
4 rows in set (0.00 sec)
```

バイナリログファイル名／ログポジションを意識しなくてよい分、GTIDのほうが楽で良いですね。

確認テスト

Q1 レプリケーションの際に同期するファイルは何ログファイルでしょうか。

Q2 上記ログファイルの記録方式ROWとSTATEMENTを比較したとき、ROWの特徴は何でしょうか。

Q3 マスタ／スレーブ間で上記ログファイルの適用進捗を管理するために利用できる方式2つは何でしょうか。

10時間目 グループレプリケーション

10時間目では、次世代方式のレプリケーションであるグループレプリケーションについて学習します。少し難しく感じるかもしれませんが、9時間目で学習したバイナリログ転送方式レプリケーションが理解できていれば恐れることはありません。

今回のゴール

- グループレプリケーションの手法／特徴／制約を知る
- グループレプリケーションを構築できる

》 10-1 グループレプリケーションとは

　MySQL 5.7の途中からグループレプリケーション機能が実装されました。バイナリログ転送方式とは異なり、よりスマートにデータベースクラスタを構築／運用することができます。

　グループレプリケーションは、サーバ同士が協調して障害を検知し対処してくれる、Paxosアルゴリズムを使った分散システムです。Single PrimaryモードとMulti Primaryモードがあります。

　Single Primaryモードでは書き込み可能なのが1台で、他は読み込みのみ可能です。グループレプリケーションでは自動的にマスタ昇格を実施してくれます（**図10.1**）。なおMulti Primaryモードは上級者向けの機能ですので本書では扱いません。

図10.1 Single Primaryモードのグループレプリケーション

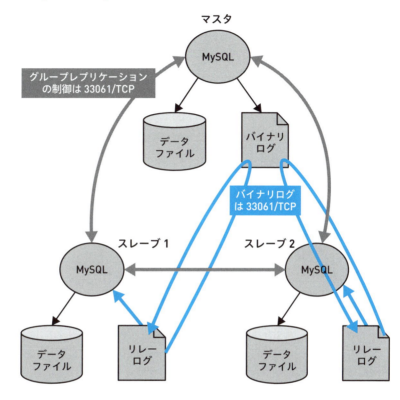

　グループレプリケーションで何台構成であれば何台同時に壊れても大丈夫かをまとめたものが**表10.1**です。大丈夫というのはグループレプリケーション構成が破綻せず、壊れていないMySQLがクエリを処理することが可能という意味であり、キャパシティの観点は別途検討する必要があります。この台数の条件はPaxosアルゴリズムに由来しています。

表10.1 グループレプリケーションの構成台数と故障台数

グループレプリケーションの構成台数	同時に壊れても大丈夫な台数
2	0
3	1
4	1
5	2
6	2
7	3

10時間目 グループレプリケーション

　グループレプリケーションでは、準同期レプリケーションよりも強力でマスタ以外のサーバに変更が伝搬したことが確定できます。ただしデータ反映はその後それぞれですので、データが使えるようになるタイミングは異なります。

　MySQLのグループレプリケーションは共有ストレージ機器が不要なシェアードナッシングクラスタで、構成上の単一障害点（SPOF：Single Point Of Failure）がありません。性能向上よりも可用性向上を目的として利用するとよいでしょう。

　グループレプリケーションもGTIDとバイナリログを利用して実現されています。グループレプリケーション機能は、MySQL本体にプラグインとして同梱されていますが、初期状態ではインストールされていません。そのため手動でインストールする必要があります。

　グループレプリケーションを利用できる条件や制約がいくつかあります。主なものは以下のとおりです。

- テーブルは主キーを持つ必要がある
- ストレージエンジンがInnoDBである必要がある

詳しくは以下のURLを参照してください。

- MySQL :: MySQL 8.0 Reference Manual :: 18.9.1 Group Replication Requirements
  https://dev.mysql.com/doc/refman/8.0/en/group-replication-requirements.html

- MySQL :: MySQL 8.0 Reference Manual :: 18.9.2 Group Replication Limitations
  https://dev.mysql.com/doc/refman/8.0/en/group-replication-limitations.html

Note　read_onlyとsuper_read_only

　グループレプリケーションでPrimaryではないサーバはsuper_read_onlyで読み込み専用になります。MySQLにおいて通常のread_onlyもありますが、SUPER権限を持つユーザであれば書き込みできてしまいます。
　super_read_onlyだとSUPER権限を持つユーザの操作もブロックしてくれます。

Part 2
現場で役立つMySQL実践テクニック
運用編

10-2 グループレプリケーションの構築

ここでは、グループレプリケーション構築手順の概要を解説します。

10-2-1●グループレプリケーションの構築手順

グループレプリケーションの構築手順は以下のとおりです。

① **（プライマリ）下準備**
- ・設定項目を実施する
- ・レプリケーション接続用のユーザを作成する
- ・グループレプリケーションのプラグインをインストールする

② **（プライマリ）グループレプリケーションを始動**

③ **（セカンダリ）下準備**
- ・設定項目を実施する
- ・レプリケーション接続用のユーザを作成する
- ・グループレプリケーションのプラグインをインストールする

④ **（セカンダリ）レプリケーションの開始**
- ・グループレプリケーションに参加する

詳細については、以下のURLを参照してください。

- MySQL :: MySQL 8.0 Reference Manual :: 18.2.1 Deploying Group Replication in Single-Primary Mode
  https://dev.mysql.com/doc/refman/8.0/en/group-replication-deploying-in-single-primary-mode.html

◆ **（プライマリ）下準備**

プライマリの下準備で実施する設定は以下のとおりです。

- ・サーバID（server_id）をレプリケーション関係者全体の中で唯一の値に設定する（IPアドレスなど重複のない値をもとにするとよい）
- ・バイナリログの出力を設定する（log_bin）[注1]

注1） デフォルトなので明示しなくてよい。

- GTIDを有効化にする (gtid_mode=ON)
- GTID非対応のクエリをエラーとする (enforce_gtid_consistency=ON)
- レプリケーションによる更新もバイナリログに記録する (log_slave_updates=ON)[注1]
- バイナリログフォーマットは行ベースを指定する (binlog_format=ROW)[注1]
- バイナリログチェックサムを無効化にする (binlog_checksum=NONE)[注2]
- master.info、relay-log.infoをテーブル化する (master_info_repository=TABLE、relay_log_info_repository=TABLE)[注1]
- 書き込み衝突検知のために、書き込みのハッシュアルゴリズムを指定する (transaction_write_set_extraction=……)[注1]
- 起動時にグループレプリケーションを開始する (group_replication_start_on_boot=OFF)[注3]。構築時はOFFにしておき、プラグインインストールや設定後であればONにしてよい
- グループレプリケーションを始動しない (group_replication_bootstrap_group=OFF)[注3]
- グループレプリケーション名をUUID形式 (OSのuuidgenコマンドなどで生成した値) で指定する (group_replication_group_name="……")[注3]
- グループレプリケーション制御用の通信に利用するIPアドレス／ポートを指定する (group_replication_local_address="……")[注3]
- グループレプリケーションに参加するために参照するメンバーの接続先を指定する。なおグループレプリケーションメンバーすべてを列挙する必要はない (group_replication_group_seeds="...")[注3]

　ユーザ作成は、バイナリログファイル名／ログポジションの場合と同様に、REPLICATION SLAVE権限を持つユーザを作成します。

　ユーザ作成のSQLをバイナリログに記録すると再開／再構築などのときにエラーになることがあるため、バイナリログに記録しないように工夫して実施します。具体的にはユーザ作成のSQLを実行する直前に「SET SQL_LOG_BIN=0」を実行し、ユーザ作成のSQLを実行した直後に「SET SQL_LOG_BIN=1」を実行します。

　ユーザ作成の後「CHANGE MASTER」でグループレプリケーションに参加するよう設定し、「INSTALL PLUGIN」でグループレプリケーションのプラグインをインストールします。

注1)　デフォルトなので明示しなくてよいです。
注2)　MySQL ::MySQL 8.0 Reference Manual :: 18.9.2 Group Replication Limitations
　　　https://dev.mysql.com/doc/refman/8.0/en/group-replication-limitations.html
注3)　プラグインインストール後に定義される設定項目のため、loose-をつけてください。

Part 2 現場で役立つMySQL実践テクニック 運用編

◆ (プライマリ) グループレプリケーションを始動

グループレプリケーションを構成するサーバ群のうち1台だけで実施します。ここでいう始動(bootstrap)は単に通信を開始するという意味ではなく、グループレプリケーション構成を0から作り上げるという意味です。

group_replication_bootstrap_group が有効なのはグループレプリケーション構成のなかで1台以下である必要があります。そのためグループレプリケーション構成を新規構築する際には一時的に group_replication_bootstrap_group を有効にした上で「START GROUP_REPLICATION」を実施し、その後すぐに group_replication_bootstrap_group を無効にします。

◆ (セカンダリ) 下準備

セカンダリ以降の下準備はプライマリとあまり変わりません。設定ファイルはプライマリのものとほとんど一緒ですが、server_id とグループレプリケーション制御用の通信に利用する IP アドレス／ポート(group_replication_local_address)をそのセカンダリ用に変更します。

プライマリの時と同様にバイナリログに記録せずユーザを作成した上で、プラグインをインストールします。

◆ (セカンダリ) レプリケーションの開始

「CHANGE MASTER」でレプリケーション設定を行い、グループレプリケーションに参加します。

performance_schema データベースの replication_group_members テーブルにメンバーとステータスの一覧が格納されます。

10-2-2 ● 試してみよう

表10.2 のサーバ構成を前提として検証しましょう。

表10.2 サーバ構成

サーバ名	IPアドレス	server_id	役割
db11	192.168.30.11	11	プライマリ
db12	192.168.30.12	12	セカンダリ
db13	192.168.30.13	13	セカンダリ

251

全サーバで相互に名前解決を可能にするために、以下を/etc/hostsに記載しておいてください（**リスト10.1**）。

リスト10.1 /etc/hostsの記述例

```
192.168.30.11 db11
192.168.30.12 db12
192.168.30.13 db13
```

```
db11、db12、db13の全サーバにてrootユーザで実施
[root@db11 ~]# echo "192.168.30.11 db11" | tee -a /etc/hosts
[root@db11 ~]# echo "192.168.30.12 db12" | tee -a /etc/hosts
[root@db11 ~]# echo "192.168.30.13 db13" | tee -a /etc/hosts
```

ここからの段取りは、前述のとおり以下の手順で行っていきます。

① **（プライマリ）下準備**
- 設定項目を実施する
- レプリケーション接続用のユーザを作成する
- グループレプリケーションのプラグインをインストールする

② **（プライマリ）グループレプリケーションを始動**

③ **（セカンダリ）下準備**
- 設定項目を実施する
- レプリケーション接続用のユーザを作成する
- グループレプリケーションのプラグインをインストールする

④ **（セカンダリ）レプリケーションの開始**
- グループレプリケーションに参加する

◆プライマリでの操作

設定ファイルに設定を追加します（**リスト10.2**）。group_replication_group_nameにはuuidgenコマンドで作成したUUIDを記載するとよいです。今回は仮にaf3f7188-517b-4178-ace1-4bb602134a8dとしました。

リスト10.2 設定ファイルの追加（プライマリ）

```
@primary
server_id=11
gtid_mode=ON
enforce_gtid_consistency=ON
binlog_checksum=NONE
loose-group_replication_start_on_boot=OFF
loose-group_replication_bootstrap_group=OFF
loose-group_replication_group_name="af3f7188-517b-4178-ace1-4bb602134a8d"
loose-group_replication_local_address= "192.168.30.11:33061"
loose-group_replication_group_seeds= "192.168.30.11:33061, ↲
192.168.30.12:33061,192.168.30.13:33061"
```

```
[root@db11 ~]# systemctl stop mysqld
[root@db11 ~]# cat <<EOF | tee -a /etc/my.cnf
server_id=11
gtid_mode=ON
enforce_gtid_consistency=ON
binlog_checksum=NONE
loose-group_replication_start_on_boot=OFF
loose-group_replication_bootstrap_group=OFF
loose-group_replication_group_name="af3f7188-517b-4178-ace1-4bb602134a8d"
loose-group_replication_local_address= "192.168.30.11:33061"
loose-group_replication_group_seeds= "192.168.30.11:33061,
192.168.30.12:33061,192.168.30.13:33061"
EOF
[root@db11 ~]# systemctl start mysqld
```

　MySQLにrootでログインしてレプリケーション接続用ユーザを作成します。バイナリログに記録しないよう、操作前後でSQL_LOG_BINの値を変更します。

　リスト 10.3では、greplという名前で、接続元は「%」（制限なし）としています（実運用ではIPアドレスで制限をかけてください）。

10 時間目 グループレプリケーション

リスト10.3 レプリケーション接続用ユーザの作成（プライマリ）

```
@primary
SET SQL_LOG_BIN=0;
CREATE USER 'grepl'@'%' IDENTIFIED WITH mysql_native_password BY 'GREPL-Password1';
GRANT REPLICATION SLAVE ON *.* TO 'grepl'@'%';
FLUSH PRIVILEGES;
SET SQL_LOG_BIN=1;
```

実行例は以下のとおりです。

```
mysql> SET SQL_LOG_BIN=0;
Query OK, 0 rows affected (0.00 sec)

mysql> CREATE USER 'grepl'@'%' IDENTIFIED WITH mysql_native_password BY 'GREPL-Password1';
Query OK, 0 rows affected (0.04 sec)

mysql> GRANT REPLICATION SLAVE ON *.* TO 'grepl'@'%';
Query OK, 0 rows affected (0.00 sec)

mysql> FLUSH PRIVILEGES;
Query OK, 0 rows affected (0.01 sec)

mysql> SET SQL_LOG_BIN=1;
Query OK, 0 rows affected (0.00 sec)
```

「CHANGE MASTER」を実施してレプリケーション設定をしておきます（**リスト10.4**）。

リスト10.4 レプリケーションの設定（プライマリ）

```
@primary
CHANGE MASTER TO
```

（次ページに続く）

Part 2 現場で役立つMySQL実践テクニック 運用編

（前ページの続き）

```
        MASTER_USER='grepl',
        MASTER_PASSWORD='GREPL-Password1'
        FOR CHANNEL 'group_replication_recovery';
```

実行例は以下のとおりです。

```
mysql> CHANGE MASTER TO
    ->      MASTER_USER='grepl',
    ->      MASTER_PASSWORD='GREPL-Password1'
    ->      FOR CHANNEL 'group_replication_recovery';
Query OK, 0 rows affected, 2 warnings (0.02 sec)
```

プラグインをインストールします（**リスト**10.5）。

リスト10.5 プラグインのインストール（プライマリ）

@primary

```
INSTALL PLUGIN group_replication SONAME 'group_replication.so';
SHOW PLUGINS\G
```

実行例は以下のとおりです。

```
mysql> INSTALL PLUGIN group_replication SONAME 'group_replication.so';
Query OK, 0 rows affected (0.15 sec)

mysql> SHOW PLUGINS\G
略
*********************** 45. row ***********************
    Name: group_replication
```

（次ページに続く）

255

10
時間目 グループレプリケーション

（前ページの続き）

```
 Status: ACTIVE
   Type: GROUP REPLICATION
Library: group_replication.so
License: GPL
45 rows in set (0.00 sec)
```

グループレプリケーションを始動／開始します（**リスト10.6**）。

リスト10.6 グループレプリケーションを始動／開始

```
SET GLOBAL group_replication_bootstrap_group=ON;
START GROUP_REPLICATION;
SET GLOBAL group_replication_bootstrap_group=OFF;
```

実行例は以下のとおりです。

```
mysql> SET GLOBAL group_replication_bootstrap_group=ON;
Query OK, 0 rows affected (0.00 sec)

mysql> START GROUP_REPLICATION;
Query OK, 0 rows affected (3.37 sec)

mysql> SET GLOBAL group_replication_bootstrap_group=OFF;
Query OK, 0 rows affected (0.00 sec)
```

　グループレプリケーションのメンバー情報は、performance_schemaデータベースのreplication_group_membersテーブルに格納されます（**リスト10.7**）。

リスト10.7 メンバー情報の確認

```
SELECT * FROM performance_schema.replication_group_members\G
```

256

Part 2
現場で役立つMySQL実践テクニック　運用編

実行例は以下のとおりです。

```
mysql> SELECT * FROM performance_schema.replication_group_members\G
*************************** 1. row ***************************
  CHANNEL_NAME: group_replication_applier
     MEMBER_ID: 6de5d276-9686-11e9-b039-0800276c5867
   MEMBER_HOST: db11
   MEMBER_PORT: 3306
  MEMBER_STATE: ONLINE
   MEMBER_ROLE: PRIMARY
MEMBER_VERSION: 8.0.16
1 row in set (0.00 sec)
```

自分がオンラインになっていれば成功です。

◆セカンダリ1での操作

　設定ファイルに設定を追加します（**リスト10.8**）。プライマリからの変更点は、サーバ ID（server_id）とグループレプリケーション制御用の通信に利用するIPアドレス／ポート（group_replication_local_address）をセカンダリ1用に変更している点と、group_replication_group_nameにプライマリで生成された値を手動設定している点です。

リスト10.8 設定ファイルに設定を追加（セカンダリ1）

```
@secondary1
server_id=12
gtid_mode=ON
enforce_gtid_consistency=ON
binlog_checksum=NONE
loose-group_replication_start_on_boot=OFF
loose-group_replication_bootstrap_group=OFF
loose-group_replication_group_name="af3f7188-517b-4178-ace1-4bb602134a8d"
loose-group_replication_local_address= "192.168.30.12:33061"
loose-group_replication_group_seeds= "192.168.30.11:33061, ↩
192.168.30.12:33061,192.168.30.13:33061"
```

257

10 時間目 | グループレプリケーション

```
[root@db12 ~]# systemctl stop mysqld
[root@db12 ~]# cat <<EOF | tee -a /etc/my.cnf
server_id=12
gtid_mode=ON
enforce_gtid_consistency=ON
binlog_checksum=NONE
loose-group_replication_start_on_boot=OFF
loose-group_replication_bootstrap_group=OFF
loose-group_replication_group_name="af3f7188-517b-4178-ace1-4bb602134a8d"
loose-group_replication_local_address= "192.168.30.12:33061"
loose-group_replication_group_seeds= "192.168.30.11:33061,
192.168.30.12:33061,192.168.30.13:33061"
EOF
[root@db12 ~]# systemctl start mysqld
```

　プライマリと同様にMySQLにrootでログインし、レプリケーション接続用ユーザを作成します（**リスト10.9**）。

　バイナリログに記録しないよう、操作前後でSQL_LOG_BINの値を変更します。ここではgreplという名前で、接続元は%（制限なし）としています（実運用ではIPアドレスで制限をかけてください）。

リスト10.9 レプリケーション接続用ユーザの作成

```
@secondary1
SET SQL_LOG_BIN=0;
CREATE USER 'grepl'@'%' IDENTIFIED WITH mysql_native_password BY 'GREPL-Password1';
GRANT REPLICATION SLAVE ON *.* TO 'grepl'@'%';
FLUSH PRIVILEGES;
SET SQL_LOG_BIN=1;
```

　「CHANGE MASTER」を実施してレプリケーション設定しておきます（**リスト10.10**）。

> **リスト10.10** レプリケーションの設定（セカンダリ1）

```
@secondary1
RESET MASTER;
CHANGE MASTER TO
    MASTER_USER='grepl',
    MASTER_PASSWORD='GREPL-Password1'
    FOR CHANNEL 'group_replication_recovery';
```

プラグインをインストールします（**リスト10.11**）。

> **リスト10.11** プラグインのインストール（セカンダリ1）

```
@secondary1
INSTALL PLUGIN group_replication SONAME 'group_replication.so';
SHOW PLUGINS;
```

明示的にグループレプリケーションに参加するために、「START GROUP_REPLICATION」を実施します（**リスト10.12**）。

> **リスト10.12** 明示的にグループレプリケーションに参加（セカンダリ1）

```
@secondary1
START GROUP_REPLICATION;
```

グループレプリケーションのメンバー情報は、performance_schemaデータベースのreplication_group_membersテーブルに格納されます（**リスト10.13**）。出力を見やすくするためにORDER BYも指定しましょう。

> **リスト10.13** メンバー情報の確認（セカンダリ1）

```
@secondary1
SELECT * FROM performance_schema.replication_group_members ORDER BY MEMBER_ HOST\G
```

実行例は以下のとおりです。

```
mysql> SELECT * FROM performance_schema.replication_group_members\G
*************************** 1. row ***************************
  CHANNEL_NAME: group_replication_applier
     MEMBER_ID: 699f74b8-9686-11e9-a4ca-0800276c5867
   MEMBER_HOST: db12
   MEMBER_PORT: 3306
  MEMBER_STATE: ONLINE
   MEMBER_ROLE: SECONDARY
MEMBER_VERSION: 8.0.16
*************************** 2. row ***************************
  CHANNEL_NAME: group_replication_applier
     MEMBER_ID: 6de5d276-9686-11e9-b039-0800276c5867
   MEMBER_HOST: db11
   MEMBER_PORT: 3306
  MEMBER_STATE: ONLINE
   MEMBER_ROLE: PRIMARY
MEMBER_VERSION: 8.0.16
2 rows in set (0.11 sec)
```

プライマリと自分がオンラインになっていれば成功です。エラーが出た場合はログを見て対処してください。

◆セカンダリ2での操作

セカンダリ1と同じ要領で設定ファイルに追記します（**リスト10.14**）。

プライマリからの変更点は、サーバID（server_id）とグループレプリケーション制御用の通信に利用するIPアドレス／ポート（group_replication_local_address）をセカンダリ2用に変更している点と、group_replication_group_nameにプライマリで生成された値を手動設定している点です。

Part 2 現場で役立つMySQL実践テクニック **運用編**

リスト10.14 設定ファイルに設定を追加（セカンダリ2）

```
@secondary2
server_id=13
gtid_mode=ON
enforce_gtid_consistency=ON
binlog_checksum=NONE
loose-group_replication_start_on_boot=OFF
loose-group_replication_bootstrap_group=OFF
loose-group_replication_group_name="af3f7188-517b-4178-ace1-4bb602134a8d"
loose-group_replication_local_address= "192.168.30.13:33061"
loose-group_replication_group_seeds= "192.168.30.11:33061, ↗
192.168.30.12:33061,192.168.30.13:33061"
```

```
[root@db13 ~]# systemctl stop mysqld
[root@db13 ~]# cat <<EOF | tee -a /etc/my.cnf
server_id=13
gtid_mode=ON
enforce_gtid_consistency=ON
binlog_checksum=NONE
loose-group_replication_start_on_boot=OFF
loose-group_replication_bootstrap_group=OFF
loose-group_replication_group_name="af3f7188-517b-4178-ace1-4bb602134a8d"
loose-group_replication_local_address= "192.168.30.13:33061"
loose-group_replication_group_seeds= "192.168.30.11:33061,
192.168.30.12:33061,192.168.30.13:33061"
EOF
[root@db13 ~]# systemctl start mysqld
```

　以降の手順はセカンダリ1と全く同じです。手順の実施後に、グループレプリケーションのメンバー情報でプライマリ、セカンダリ1と自分がオンラインになっていれば成功です（**リスト10.15**）。

10
時間目 | グループレプリケーション

> **リスト10.15** メンバー情報の確認（セカンダリ2）

> **@secondary2**
> SELECT * FROM performance_schema.replication_group_members ORDER BY MEMBER_HOST\G

実行例は以下のとおりです。

```
mysql> SELECT * FROM performance_schema.replication_group_members ORDER BY ↗
MEMBER_HOST\G
*************************** 1. row ***************************
  CHANNEL_NAME: group_replication_applier
     MEMBER_ID: 6de5d276-9686-11e9-b039-0800276c5867
   MEMBER_HOST: db11
   MEMBER_PORT: 3306
  MEMBER_STATE: ONLINE
   MEMBER_ROLE: PRIMARY
MEMBER_VERSION: 8.0.16
*************************** 2. row ***************************
  CHANNEL_NAME: group_replication_applier
     MEMBER_ID: 699f74b8-9686-11e9-a4ca-0800276c5867
   MEMBER_HOST: db12
   MEMBER_PORT: 3306
  MEMBER_STATE: ONLINE
   MEMBER_ROLE: SECONDARY
MEMBER_VERSION: 8.0.16
*************************** 3. row ***************************
  CHANNEL_NAME: group_replication_applier
     MEMBER_ID: 7aa248f9-9686-11e9-ac1a-0800276c5867
   MEMBER_HOST: db13
   MEMBER_PORT: 3306
  MEMBER_STATE: ONLINE
   MEMBER_ROLE: SECONDARY
MEMBER_VERSION: 8.0.16
3 rows in set (0.06 sec)
```

10-3 グループレプリケーションでのマスタ切り替え／昇格／レプリケーション再構築

10-3-1 ● 参照処理／更新処理の接続先を変更する

マスタが何らかの理由で利用できなくなったと仮定して、トラブルシューティングのロールプレイをしてみましょう。段取りは以下のとおりです。

① 参照処理／更新処理の接続先を変更する

バイナリログ転送方式の場合は、以下の3つのステップがありましたが、グループレプリケーションの場合は1ステップです。この1ステップはMySQLでの処理ではありませんので、MySQL的には対処不要です。

① 各スレーブの中から、新たにマスタにするサーバを選ぶ
② 新マスタを親としてレプリケーションを再構成する
③ 参照処理／更新処理の接続先を変更する

更新処理を含むトランザクションの発行先を新プライマリにしてもらう必要があります。もし元プライマリで参照処理をしないようにしていたのであれば、参照処理用の接続先から新マスタを外すのがよいでしょう。

10-3-2 ● 試してみよう

前項同様に、**表10.3**のサーバ構成を前提として検証しましょう。

表10.3 サーバ構成

サーバ名	IPアドレス	server_id	役割
db11	192.168.30.11	11	プライマリ
db12	192.168.30.12	12	セカンダリ
db13	192.168.30.13	13	セカンダリ

まずは障害を発生させます。今回は、以下のようにプライマリのdb11でMySQLを停止します。

```
db11
[root@db11 ~]# systemctl stop mysqld
```

この段階でdb12でperformance_schema.replication_group_membersを確認すると、昇格が完了していることがわかります。

```
db12
mysql> SELECT * FROM performance_schema.replication_group_members ORDER BY ↵
MEMBER_HOST\G
*************************** 1. row ***************************
  CHANNEL_NAME: group_replication_applier
    MEMBER_ID: 4d778f25-932d-11e9-b3ba-0800276c5867
  MEMBER_HOST: db12
  MEMBER_PORT: 3306
 MEMBER_STATE: ONLINE
  MEMBER_ROLE: PRIMARY
MEMBER_VERSION: 8.0.16
*************************** 2. row ***************************
  CHANNEL_NAME: group_replication_applier
    MEMBER_ID: 4eca2c59-932d-11e9-8664-0800276c5867
  MEMBER_HOST: db13
  MEMBER_PORT: 3306
 MEMBER_STATE: ONLINE
  MEMBER_ROLE: SECONDARY
MEMBER_VERSION: 8.0.16
2 rows in set (0.00 sec)
```

「group_replication_start_on_boot=OFF」ですので、この状態でdb11でMySQLを起動しても（systemctl start mysqld）、db11はグループレプリケーションに参加しません。

db11にて「START GROUP_REPLICATION」を実行することで、db11はセカンダリとしてグループレプリケーションに参加します。

Part 2 現場で役立つMySQL実践テクニック　**運用編**

```
mysql> SHOW VARIABLES LIKE 'hostname';
+---------------+-------+
| Variable_name | Value |
+---------------+-------+
| hostname      | db11  |
+---------------+-------+
1 row in set (0.05 sec)

mysql> SELECT * FROM performance_schema.replication_group_members\G
*************************** 1. row ***************************
  CHANNEL_NAME: group_replication_applier
     MEMBER_ID:
   MEMBER_HOST:
   MEMBER_PORT: NULL
  MEMBER_STATE: OFFLINE
   MEMBER_ROLE:
MEMBER_VERSION:
1 row in set (0.01 sec)

mysql> START GROUP_REPLICATION;
Query OK, 0 rows affected (3.46 sec)

mysql> SELECT * FROM performance_schema.replication_group_members ORDER BY ⏎
MEMBER_HOST\G
*************************** 1. row ***************************
  CHANNEL_NAME: group_replication_applier
     MEMBER_ID: 4cae9279-932d-11e9-9f4b-0800276c5867
   MEMBER_HOST: db11
   MEMBER_PORT: 3306
  MEMBER_STATE: ONLINE
   MEMBER_ROLE: SECONDARY
MEMBER_VERSION: 8.0.16
```

（次ページに続く）

（前ページの続き）

```
*********************** 2. row ***************************
   CHANNEL_NAME: group_replication_applier
     MEMBER_ID: 4d778f25-932d-11e9-b3ba-0800276c5867
   MEMBER_HOST: db12
   MEMBER_PORT: 3306
  MEMBER_STATE: ONLINE
   MEMBER_ROLE: PRIMARY
MEMBER_VERSION: 8.0.16
*********************** 3. row ***************************
   CHANNEL_NAME: group_replication_applier
     MEMBER_ID: 4eca2c59-932d-11e9-8664-0800276c5867
   MEMBER_HOST: db13
   MEMBER_PORT: 3306
  MEMBER_STATE: ONLINE
   MEMBER_ROLE: SECONDARY
MEMBER_VERSION: 8.0.16
3 rows in set (0.02 sec)
```

　もしMySQLが正常な停止処理を経ずに停止した場合は、performance_schema. replication_group_membersの「MEMBER_STATE」がONLINE→UNREACHABLE→リストから削除となります。

　MySQLが正常な停止を経ず停止した場合は、「group_replication_start_on_ boot=ON」でMySQLを起動しても直ちにグループレプリケーションに参加できません。手動で「START GROUP_REPLICATION」を実施することで、セカンダリとしてグループレプリケーションに参加できます（**リスト10.16**）。なお設定でgroup_ replication_autorejoin_triesを1以上に設定した場合、その回数だけ自動的に参加を試みます（リトライ間隔は5分）。

　またもしMySQLが全台停止した場合は、すべてのメンバーがOFFLINEとなり、グループレプリケーションが壊れます。その場合はプライマリにするMySQLで以下を実行し新たに始動します。

Part 2

現場で役立つMySQL実践テクニック **運用編**

リスト10.16 壊れたグループレプリケーションの再始動

```
SET GLOBAL group_replication_bootstrap_group=ON;
START GROUP_REPLICATION;
SET GLOBAL group_replication_bootstrap_group=OFF;
```

　停止したその他のサーバでは「START GROUP_REPLICATION」を実施し、セカンダリとしてグループレプリケーションに参加させます。

◆参照処理／更新処理の接続先を変更する

　今回は特にありませんが、アプリケーションやロードバランサの設定変更を行います。

10時間目 グループレプリケーション

> **Note** 接続先を自動変更してくれるMySQL Router
>
> 　紹介したとおりグループレプリケーションはサーバの1台が停止したときの切り替えがとても簡単です。しかし接続先変更はグループレプリケーション自体の処理には含まれていません。MySQL Routerを併用することで、接続先変更もソフトウェアにまかせることができるようになります（**図10.2**）。
> 　MySQL Routerが、書き込み用ポートへの接続はプライマリへ、読み込み用ポートへの接続はセカンダリのいずれかへ負荷分散という構成が実現できます。
>
> **図10.2** MySQL Routerの併用
>
>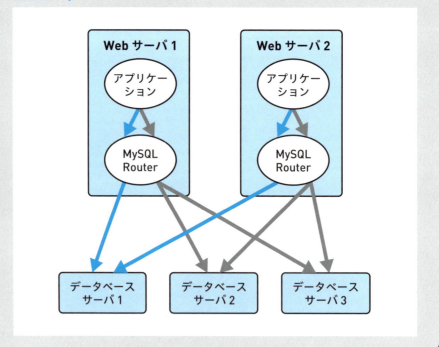

現場で役立つMySQL実践テクニック **Part 2** 運用編

確認テスト

Q1 グループレプリケーションで1台壊れても大丈夫な最低構成台数は何台でしょうか。

Q2 グループレプリケーションで書き込み可能なノードは何と呼ぶでしょうか。

Q3 グループレプリケーションで書き込み不可能なノードはどのように実現しているでしょうか。

11時間目 チューニングの基礎知識 〜パラメータチューニング

11時間目では、チューニングの基礎知識として、パラメータチューニングについて学習します。
チューニングは簡単ではありませんが、達人だけができる職人芸ではなく基礎の積み重ねで成果が出せる領域です。今まで学習した内容も踏まえてパラメータチューニングを習得しましょう。

今回のゴール

- チューニングの目的を理解する
- チューニングの手法／特徴／制約を理解する
- MySQLのメモリ関連設定を理解する
- MySQLのステータス出力の概要を理解する

11-1 チューニングの考え方

11-1-1 ●チューニングとは

　MySQLだけに限らない話ですが、チューニングとは特定の課題を解決するためのエンジニアリングです。単位時間あたりの処理数を増やしたいのか、あるいは処理の所要時間を短くしたいのか、ゴールをはっきりさせましょう。

　たくさんの細かい処理に高速に応えるためのシステムと、少数の大きな処理を短時間で終わらせるシステムでは、チューニングの方向性が異なります。一般にMySQLがよく利用されるWebシステムのユースケースの場合は前者です。

　チューニングを始めるにあたり、勘や経験、他者の事例を援用したくなりがちですが、何よりもまず一番大事なのは継続的に計測できる環境を用意し計測することです。

計測なしでチューニングはありえません。計測ができて初めて効果測定ができ、改善サイクルが実現できます。

11-1-2◉MySQLにおけるチューニング

実はMySQLのパラメータチューニングで解決できる問題は、それほど多くありません。MySQLのパラメータチューニングで実現できるのは、システムの性能をうまく引き出せていないというマイナスの状況をフラットなところまでもっていくことです。

もともとがあまりに酷い場合は、MySQLのパラメータチューニングで「大幅な改善」を実現することはよくありますが、そこから先の高速化はMySQLのパラメータチューニングでは成し得ません。クエリ／インデックス／テーブル構成など中身や利用方法を改善したり、レプリケーションスレーブを多数用意するなど全体構成を見直したりする必要があります。

大事なのは、とにかく計測することとサイクルを回すことです。MySQLにおいてはデータの量、データの内容の傾向、利用のされかたなど、さまざまな要因によって随時状況が変化します。

チューニングの目的を果たす上では、システムのレイヤごとの守備範囲切り分けはあまり意味がありません。システム構成、インフラ、MySQL、クエリ、アプリケーションなど、すべてが守備範囲になりますので、結果を出すにはすべてのレイヤで適切にアプローチする必要があります。エンジニアにとってチューニングは地力が試されるとてもスリリングな仕事なのです。

》 11-2 全体的なチューニングの流れ

全体的なチューニングの流れは以下のとおりです。

① 計測指標を決める、計測できるようにする
② （クエリ）計測する→クエリ／インデックス／MySQLの使い方／データの持ち方を改善 →計測する
③ （インフラ）計測する→改善した状態に合わせて設定をチューニング→計測する
④ （クエリ）に戻る

まずは②のクエリ／インデックス／MySQLの使い方／データの持ち方などを改善するのがセオリーですが、MySQLのデフォルト設定だとあまりにも要件を満たさな

11時間目 チューニングの基礎知識 〜パラメータチューニング

いため、最初だけは何も考えずに「秘伝のタレ」化したmy.cnfを投入することも現場では割とよくある話です。

> **Note** innodb_dedicated_serverの設定
>
> MySQL 8.0.3からinnodb_dedicated_serverを設定すると、データベース専用サーバであるという前提でサーバスペックをもとにいくつかの項目を推奨値に設定してくれます。
> 秘伝のタレの代わりに参考にしてみてください。
>
> - innodb_buffer_pool_size
> - innodb_log_file_size
> - innodb_log_files_in_group
> - innodb_flush_method
>
> - MySQL :: MySQL 8.0 Reference Manual :: 15.8.12 Enabling Automatic Configuration for a Dedicated MySQL Server
>   https://dev.mysql.com/doc/refman/8.0/en/innodb-dedicated-server.html

11-3 システムチューニングのための基礎知識

11-3-1 ●アクセス速度を測る指標

5時間目でも紹介しましたが、ハードディスク（HDD）とメモリでは、アクセス速度が圧倒的に異なります。そのため、それぞれの特徴を活かして上手に使い分ける必要があります。

アクセス速度を測る指標としては以下があります。

- 4KBを読み書きするときのRTT（second/millisecond/nanosecond）
- 転送速度（MB/s = MB per second）
- 読み書き頻度（IOPS = IO per second）

転送速度や読み書き頻度は時間あたりの指標であるため、同時間帯に実施される処理が少なければ処理が早く終わります。

例えば、120IOPSのディスクで、処理AがI/O240回、処理BがI/O240回必要だと

仮定します。2つの処理を同時に実行すると終わるのはどちらも4秒後ですが、処理Aだけであれば終わるのは2秒後です（図11.1）。

図11.1 2つの処理を同時に実行した場合と1つだけ実行した場合

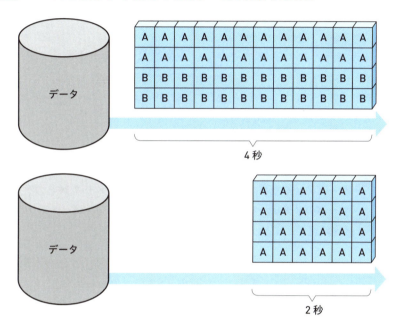

11-3-2 ● MySQLのメモリ利用とメモリ／ディスク読み書き最適化

　MySQLにおけるメモリの利用形態には大きく2種類あります。インスタンス全体で共有の領域（グローバルバッファ）と、MySQLへの接続（スレッド）ごとの領域（スレッドバッファ）です（図11.2）。

図11.2 MySQLにおけるメモリの利用形態

グローバルバッファはMySQL起動時点で利用されることが多く、スレッドバッファはスレッド生成時（≒接続があった時点）で利用されます。そのため実際のメモリ利用量はそのときの接続状況により増減します。

メモリ利用量が最大になるのは最大同時接続数のときなので、メモリ利用量を見積る際にはスレッドバッファがmax_connectionsの数だけ利用されるものとして計算します。

グローバルバッファの中で一番重要なのがInnoDBバッファプール（innodb_buffer_pool_size）です。テーブルのデータそのものと、インデックスのデータを格納します。デフォルトは128MBで、2019年現在のデータベースサーバとしてはとても小さい値が設定されています。

innodb_dedicated_serverを有効にした場合は以下のように設定されます。

- サーバのメモリが1GB未満なら128MB（デフォルト）
- サーバのメモリが4GB以下ならメモリの50%（メモリ3GBのサーバ場合は1.5GB）
- サーバのメモリが4GBより大きい場合はメモリの75%（メモリ8GBのサーバ場合は6GB）

スレッドバッファには、「ORDER BY」や「GROUP BY」のために使う領域のsort_buffer_sizeや、インデックスなしのJOINのために使う領域のjoin_buffer_sizeなどがあります。SQLを処理する上でこれらの領域の容量が不足した場合は、MySQLは自動的に一時テーブルを作成／利用します。

一時テーブルはまずメモリ上に作成されますが、一定の容量を越えた場合はディスクに書き出されます。前述の通りディスクのアクセス速度はメモリと比較してとても遅いため処理に時間がかかることになります。しかもディスクアクセスの処理が他の処理とバッティングすると、他の処理で今まで実現できていたMB/sやIOPSが実現できなくなります。そうすると他の処理も処理に時間がかかるようになり、負の連鎖が始まります。

このような場合は、ディスクに書き出すしきい値を変更するためにtmp_table_sizeとmax_heap_table_sizeを調整します。メモリ上で処理を完結させれば、クエリのレスポンスを速くできます。ただし、メモリの利用量が増えますので注意してください。

11-3-3●サーバのメモリ利用とメモリ／ディスク読み書き最適化

サーバのメモリ利用状況はfreeコマンドで確認できます。

Part 2

現場で役立つMySQL実践テクニック

運用編

```
[root@db01 ~]# free -m
                total        used        free      shared  buff/cache   available
Mem:              991         425         373           6         192         414
Swap:            1023           0        1023
```

実行結果における各項目の意味は**表11.1**のとおりです。

表11.1 freeコマンド実行時の表示項目

項目	説明
total	容量
used	OS自体や mysqld sshd などの各種プロセスで利用されている分の利用量
free	どの用途にも利用されていない空き領域の容量
shared	/run /dev/shm などの一時ファイルシステム (tmpfs) などの分の利用量
buff/cache	ディスク読み書きを高速化するためのバッファキャッシュ/ページキャッシュの分の利用量
available	Swapせず利用可能なメモリ容量の目安

これらの項目は「total ＝ used ＋ free ＋ buff/cache」となります。

繰り返しになりますが、HDDはI/Oが遅いです。そのため、Linuxは空いているメモリを活用してディスクI/Oが遅い点の改善を試みます。これがバッファキャッシュ／ページキャッシュ (buff/cache) です。

バッファキャッシュはディスクへの書き込み処理を、ページキャッシュはディスクからの読み込み処理を高速化するための仕組みです。サーバを長期間運用していると free が減っていき、buff/cacheがメモリを使い切るような挙動が見られますが、これは正常です。

buff/cacheでの利用分はメモリが必要になったら適宜開放されます。ただし高速化に寄与している領域でもあり、無作為にすべて開放してよいわけでもありません。それらの事情を考慮してメモリチューニングで利用可能な容量を推定する必要がありますが、まずはavailableを参考にすればよいでしょう。

もし free や available がたくさんあるにもかかわらず、Swap の used が増えていく場合は、NUMA（Non-Uniform Memory Access）による Swap Insanity が発生しているかもしれません。そのような場合は、NUMA を制御するプログラムの numad などを用いる、MySQL の設定ファイルで「innodb_numa_interleave=ON」に設定する

275

と、改善する可能性があります。

　5時間目でも紹介しましたが、MySQLはログファイル、バイナリログ、ダブルライトバッファ、データファイルなど、多くのファイルをディスクに読み書きします。その中で主要なチューニング項目はログファイルです。innodb_dedicated_serverを有効にした場合は、innodb_log_file_sizeは以下のように設定されます。

- サーバメモリが8GB未満ならば512MB
- サーバメモリが128GB以下ならば1GB
- サーバメモリが128GBより大きいならば2GB

同じくログファイル関連でinnodb_log_files_in_groupが以下のとおり設定されます。

- サーバメモリが8GB未満ならばGB単位のサーバメモリ容量を小数点第一位で四捨五入した数
  - サーバメモリが3.4GBならば3、サーバメモリが3.5GBならば4
- サーバメモリが128GB未満ならばGB単位のサーバメモリ容量に0.75掛けたものを小数点第一位で四捨五入した数
  - サーバメモリが64GBならば48
- サーバメモリが128GB以上ならば64

　またディスク読み書き方式を設定するinnodb_flush_methodもinnodb_dedicated_serverによってO_DIRECT_NO_FSYNCが指定されます。
　O_DIRECT_NO_FSYNCの場合は、OSのページキャッシュ／バッファキャッシュの仕組みをスルーします。MySQL自身がInnodbバッファプールやダブルライトバッファなどの仕組みを持っているため、OSのバッファキャッシュ／ページキャッシュとの重複を避けることができます。

11-4 mysqltunerで洗い出し

　mysqltunerはMySQLの運用においては鉄板ツールですので、きちんと把握しておきましょう。パスワードチェック以外はMySQL 8.0に対応しています。

- MySQLTuner is a script written in Perl that will assist you with your MySQL configuration and make recommendations for increased performance and stability.

https://github.com/major/MySQLTuner perl

　CentOS 7の場合、yumコマンドを利用してEPELリポジトリからインストールできます。まずyumコマンドを利用してEPELリポジトリを利用可能にし、その後に再びyumコマンドでmysqltunerをインストールします。

```
[root@db01]# yum install epel-release
略
[root@db01]# yum install mysqltuner
略
```

　EPELリポジトリからインストールするmysqltunerは、比較的新しいバージョンのものですが、MySQL 8.0では、mysqltunerも最新版を利用したほうがよいでしょう。
　mysqltunerの最新版を使う場合は、以下のようにインストールし、/usr/local/bin/mysqltuner.plまたはmysqltuner.plと起動します。インターネットに接続できないなどの理由でcurlコマンドにてファイルが取得できない場合は、付属DVD-ROMのmysqltuner.plを利用してください。

```
[root@db01 ~]# curl -L -o mysqltuner.pl http://mysqltuner.com
[root@db01 ~]# install -m 755 mysqltuner.pl /usr/local/bin/mysqltuner.pl
```

　なお、特定のバージョンをインストールする場合は、GitHubのReleasesからダウンロードします。

https://github.com/major/MySQLTuner-perl/releases

　mysqltunerの実行例は以下のとおりです。設定からグローバルバッファとスレッドバッファのメモリ使用量を算出してくれるので簡単に確認できます。

```
Total buffers: 168.0M global + 1.1M per thread (151 max threads)
```

　設定上の最大メモリ利用量が許容範囲内であることを確認できます。

11
時間目 │ チューニングの基礎知識 〜パラメータチューニング

```
[OK] Maximum possible memory usage: 341.4M (34.45% of installed RAM)
```

```
[root@db01 ~]# mysqltuner.pl
略
-------- Performance Metrics ----------------------------------------
[--] Up for: 18m 53s (22 q [0.019 qps], 15 conn, TX: 53K, RX: 2K)
[--] Reads / Writes: 100% / 0%
[--] Binary logging is enabled (GTID MODE: OFF)
[--] Physical Memory     : 991.0M
[--] Max MySQL memory    : 512.5M
[--] Other process memory: 0B
[--] Total buffers: 168.0M global + 1.1M per thread (300 max threads)
[--] P_S Max memory usage: 72B
[--] Galera GCache Max memory usage: 0B
[OK] Maximum reached memory usage: 169.1M (17.07% of installed RAM)
[OK] Maximum possible memory usage: 512.5M (51.72% of installed RAM)
[OK] Overall possible memory usage with other process is compatible with
memory available
[OK] Slow queries: 0% (0/22)
[OK] Highest usage of available connections: 0% (1/300)
[!!] Aborted connections: 6.67%  (1/15)
[!!] name resolution is active : a reverse name resolution is made for each
new connection and can reduce performance
[--] Query cache have been removed in MySQL 8
[OK] No Sort requiring temporary tables
[OK] No joins without indexes
[OK] Temporary tables created on disk: 0% (0 on disk / 4 total)
[OK] Thread cache hit rate: 93% (1 created / 15 connections)
[OK] Table cache hit rate: 51% (103 open / 199 opened)
[OK] Open file limit used: 0% (4/10K)
[OK] Table locks acquired immediately: 100% (4 immediate / 4 locks)
```

（次ページに続く）

Part 2
現場で役立つMySQL実践テクニック **運用編**

（前ページの続き）

```
［OK］Binlog cache memory access: 0% (0 Memory / 0 Total)
略
-------- Recommendations --------------------------------------
General recommendations:
    Control warning line(s) into /var/log/mysqld.log file
    MySQL was started within the last 24 hours - recommendations may be
inaccurate
    Reduce or eliminate unclosed connections and network issues
    Configure your accounts with ip or subnets only, then update your
configuration with skip-name-resolve=1
    Before changing innodb_log_file_size and/or innodb_log_files_in_group
read this: https://bit.ly/2TcGgtU
Variables to adjust:
    innodb_log_file_size should be (=16M) if possible, so InnoDB total log
files size equals to 25% of buffer pool size.
```

≫ 11-5 MySQLのステータス

11-5-1◉Mackerelのプラグイン

　MySQLのステータスは画面だけですべて確認できるようなものではありません。そこで可視化ツールで確認するのが一般的になっています。

　本書では、はてなが提供する監視／モニタリングサービスMackerelのプラグインをベースにMySQLのステータス確認をしていきます。

・Mackerel: A Revolutionary New Kind of Application Performance Management
　https://mackerel.io/

　本書では、Mackerelが中心に開発／提供しているMackerel Agent Pluginsの2019年6月現在の最新版を使用します。Mackerel Agent Pluginsはその名のとおり、Mackerelのプラグイン集です。MySQL用のプラグインはこの中にあるmackerelplugin-mysqlです。

> **書式**

```
mackerel-plugin-mysql -username MySQL接続ユーザ名 -password MySQL接続パスワード
```

mackerel-plugin-mysqlは、以下の実行結果を解析し、値を抽出してくれます。

- SHOW VARIABLES
- SHOW STATUS
- SHOW PROCESSLIST
- SHOW SLAVE STATUS
- SHOW ENGINE INNODB STATUS

ソースコードはGitHubでホスティングされており、OSSとして開発されています。最新版はReleasesのページからダウンロードできます。

https://github.com/mackerelio/mackerel-agent-plugins/releases/

バージョン0.56.0のインストール方法は以下のとおりです。なおインターネットに接続できないなどの理由でyumコマンドでファイルが取得できない場合は、付属DVD-ROMのmackerel-agent-plugins-0.56.0-1.el7.centos.x86_64.rpmを利用してください。

```
[root@db01 ~]# yum install https://github.com/mackerelio/mackerel-agent-
plugins/releases/download/v0.56.0/mackerel-agent-plugins-0.56.0-1.el7.
centos.x86_64.rpm
```

メトリクス取得用のユーザを作成し、PROCESS、REPLICATION CLIENT権限を付与します。ここでもWITH mysql_native_passwordで作成します(**リスト11.1**)。

リスト11.1 メトリクス取得用ユーザの作成

```
CREATE USER 'monitor'@'localhost' IDENTIFIED WITH mysql_native_password BY
'Monitor-p@ssw0rd';
GRANT PROCESS, REPLICATION CLIENT ON *.* TO 'monitor'@'localhost';
FLUSH PRIVILEGES;
```

実行例は以下のとおりです。直近1分間のデータを見るために、60秒空けて（sleep 60）同じ処理を2回実施しています（前後比較のために2回実行する必要があります）。フォーマットは「項目名 値 データ取得日時UNIXTIME」です。

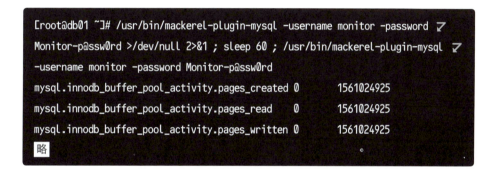

/usr/bin/mackerel-plugin-mysqlを実行して取得可能な主な項目は以下のとおりです（なお-enable_extendedオプションをつけて実行すると、さらに多くの項目が取得できます）。

11-5-2 ● クエリ関連の指標

ここでは、mackerel-plugin-mysqlで取得できる主なクエリ関連の指標を紹介します。

- cmd.Com_delete
- cmd.Com_delete_multi
- cmd.Com_insert
- cmd.Com_insert_select
- cmd.Com_load

11
時間目 チューニングの基礎知識 〜パラメータチューニング

- cmd.Com_replace
- cmd.Com_replace_select
- cmd.Com_select
- cmd.Com_set_option
- cmd.Com_update
- cmd.Com_update_multi

Com_xxxは、xxx文を実行した回数です（Com_deleteであればDELETE）。クエリ実行回数が意図せず多くなっていないかなどを確認できます。

- cmd.Questions

cmd.Questionsはクエリが実行された回数（種類問わず）です。

- cmd.Qcache_hits

cmd.Qcache_hitsは、クエリがクエリキャッシュにヒットし、実行されずキャッシュから結果を返却した回数です。クエリキャッシュは、過去のMySQLでのみ実装されている機能で、MySQL 8.0で廃止されました。

- join.Select_full_join
- join.Select_full_range_join
- join.Select_range
- join.Select_range_check
- join.Select_scan

Select_xxxは、SELECT実行の際に実行された処理の回数です。

Select_full_joinはインデックスを利用しないJOINの数、Select_full_range_joinは関連テーブルで範囲検索したJOINの数、Select_rangeはファーストテーブルを範囲検索した部分を利用したJOINの数、Select_range_checkはインデックスなしのJOINの数、Select_scanはファーストテーブルでフルスキャンを実行したJOINの数です。

- table_locks.Slow_queries
- table_locks.Table_locks_immediate
- table_locks.Table_locks_waited

Slow_queriesはスロークエリの数、Table_locks_immediateはテーブルロックをただちに実行した回数、Table_locks_waitedはテーブルロックを実行するとき待ちが発生した回数です。

11-5-3●接続関連の指標

ここでは、mackerel-plugin-mysqlで取得できる主な接続関連の指標を紹介します。

- connections.max_connections
- connections.Threads_connected
- connections.Max_used_connections
- connections.Connections
- connections.Aborted_connects
- connections.Aborted_clients

max_connectionsは設定上接続可能な最大接続数で、Threads_createdはデータ取得時点での同時接続数です。

Max_used_connectionsは、MySQLが起動してからデータ取得時点までに経験した最大同時接続数です。データ取得タイミングの合間に一時的に最大接続数に達していた場合、その次のデータ取得でMax_used_connectionsだけが跳ね上がり、我々は異常を認識することができます。

Connectionsは測定期間内に接続試行された回数で、Aborted_connectsは接続できなかった回数、Aborted_clientsは接続できたが異常終了した回数です。

- capacity.PercentageOfConnections

PercentageOfConnectionsは、データ取得時点でmax_connectionsを利用している割合です。

- threads.Threads_connected
- threads.Threads_running
- threads.Threads_cached

Threads_connectedはデータ取得時点での同時接続数で、Threads_runningは実行中ステータスのスレッドの数、Threads_cachedはスレッドキャッシュにあるスレッドの数です。

- threads.thread_cache_size

thread_cache_sizeは、キャッシュしておくスレッドの数です。処理が終わった後、破棄せずに取っておくスレッドの数を示します。

- **threads.Threads_created**

Threads_createdは、測定期間内に生成されたスレッドの数です。接続が急に増えた場合などキャッシュからの再利用で間に合わなくなったときには新たにスレッドが生成されます。

- **traffic.Bytes_received**
- **traffic.Bytes_sent**

Bytes_receivedは、測定期間内にmysqldがネットワーク経由から受信したバイト数、Bytes_sentは、測定期間内にmysqldがネットワークに送信したバイト数です。

11-5-4◉InnoDB関連の指標

ここでは、mackerel-plugin-mysqlで取得できる主なInnoDB関連の指標を紹介します。

- **capacity.PercentageOfBufferPool**

InnoDBバッファプールの利用率です。

- **innodb_buffer_pool.pool_size**
- **innodb_buffer_pool.database_pages**
- **innodb_buffer_pool.free_pages**
- **innodb_buffer_pool.modified_pages**

pool_sizeは、InnoDBバッファプールのページ数で、database_pagesは利用しているページ数、free_pagesは利用していないページ数です。modified_pagesは書き換えが発生したページ数です。

書き換えが発生したページはダーティーページと呼びます。ページのサイズはinnodb_page_sizeで指定できます。

- **innodb_adaptive_hash_index.hash_index_cells_total**
- **innodb_adaptive_hash_index.hash_index_cells_used**

適応型ハッシュインデックス(AHI、Adaptive Hash Index)に関する指標です。適応型ハッシュインデックスは「=」と「IN」を高速化するためにMySQLがメモリ上のデータから自動的にハッシュインデックスを作成する機能です。

hash_index_cells_totalは適応型ハッシュインデックスの領域のサイズ(ページ数)、hash_index_cells_usedは適応型ハッシュインデックス領域の使用量です。

- innodb_buffer_pool_activity.pages_created
- innodb_buffer_pool_activity.pages_read
- innodb_buffer_pool_activity.pages_written

pages_createdは作成されたページ数、pages_readは読み込まれたページ数、pages_writtenは書き込まれたページ数です。

- innodb_buffer_pool_efficiency.Innodb_buffer_pool_read_requests
- innodb_buffer_pool_efficiency.Innodb_buffer_pool_reads

Innodb_buffer_pool_read_requestsはInnoDBバッファプールに対する読み込み要求の数で、Innodb_buffer_pool_readsはInnoDBバッファプールの内容を利用できなかった読み込み回数の数です。

InnoDBバッファプールの内容を利用できないということは、ディスクから読み込んでいるということです。そのためチューニング上はマイナスとなります。Innodb_buffer_pool_readsは基本的にほぼ0になるようにチューニングしましょう。

- innodb_checkpoint_age.uncheckpointed_bytes

uncheckpointed_bytesはチェックポイントによって書き込みされていないデータ量です。

- innodb_insert_buffer.ibuf_inserts
- innodb_insert_buffer.ibuf_merged
- innodb_insert_buffer.ibuf_merges
- innodb_insert_buffer_usage.ibuf_cell_count
- innodb_insert_buffer_usage.ibuf_free_cells
- innodb_insert_buffer_usage.ibuf_used_cells

ibufはInsert Bufferの略です。昔はInsert Bufferと呼んでいましたが、今はChange Bufferというのが正式名称です。Chagne Bufferはシステムテーブルスペースにあります。

ibuf_insertsは実行した書き込み要求数です。ibuf_mergedはマージされたI/O要求数、ibuf_mergesはマージ処理回数です。

- innodb_io.file_fsyncs
- innodb_io.file_reads

11
時間目 チューニングの基礎知識 〜パラメータチューニング

- innodb_io.file_writes

file_fsyncsは測定期間内のfsync実行回数、file_readsは測定期間内の読み込みI/O実行回数、file_writesは測定期間内の書き込みI/O実行回数です。

- innodb_io.log_writes

log_writesは測定期間内のログ書き込みI/O実行回数です。I/Oがログ起因なのかその他起因なのか分析するために使います。

- innodb_io_pending.pending_buf_pool_flushes
- innodb_io_pending.pending_log_flushes
- innodb_io_pending.pending_normal_aio_reads
- innodb_io_pending.pending_normal_aio_writes

pending_buf_pool_flushesはInnoDBバッファプールフラッシュでの待ち、pending_log_flushesはログファイルフラッシュでの待ちです。これらの値が大きい場合は、ディスクI/Oがボトルネックになっている可能性があります。

- innodb_lock_structures.innodb_lock_structs

innodb_lock_structsは開放待ちlock structの数です。基本的にほぼ0になるようにチューニングしましょう。

- innodb_log.log_bytes_written
- innodb_log.log_bytes_flushed
- innodb_log.innodb_log_buffer_size
- innodb_log.unflushed_log

log_bytes_writtenは測定期間内にログに書き込まれたデータ量、log_bytes_flushedは測定期間内にログから書き出されたデータ量です。

innodb_log_buffer_sizeはログバッファのサイズで、unflushed_logは測定時点でログから書き出されていないデータ量です。unflushed_logがログバッファを埋め尽くさないようにチューニングしましょう。

- innodb_memory_allocation.total_mem_alloc
- innodb_row_lock_time.Innodb_row_lock_time
- innodb_row_lock_waits.Innodb_row_lock_waits

Innodb_row_lock_timeは、測定期間内に行ロックを獲得するまでに要した時間の

合計（ミリ秒）、Innodb_row_lock_waits は、測定期間内に行ロックを獲得するために待機した回数です。待ち時間／回数とも基本的にはほぼ0になるようにチューニングしましょう。

- innodb_rows.Innodb_rows_deleted
- innodb_rows.Innodb_rows_inserted
- innodb_rows.Innodb_rows_read
- innodb_rows.Innodb_rows_updated

Innodb_rows_xxx は、測定期間内に削除／追加／読み込み／更新された行数です。Com_xxx と似ていますが、Com_xxx は SQL 文の実行回数で、こちらは対象になった行数です。

- innodb_semaphores.os_waits
- innodb_semaphores.spin_waits

os_waits は、測定期間内の OS ロック獲得待ち回数、spin_waits は、測定期間内のスピンロック獲得待ち回数です。いずれも小さい値を保つようにチューニングしましょう。仕組み的に OS ロックのほうがスピンロックより重たい処理ですので、少なくする優先度がより高いです。

- innodb_transactions.history_list
- innodb_transactions.innodb_transactions
- innodb_transactions_active_locked.current_transactions
- innodb_transactions_active_locked.read_views

innodb_transactions は、測定期間内に生成されたトランザクションの数です。

》 11-6 パラメータチューニングを実施する際の注意点

11-6-1●同じ条件で比較する！

前提条件がずれているとまともな比較はできません。システム利用のピークタイムについて検討する場合は、すべてのバリエーションにピークタイムを適用して比較す

る必要があります。

　サーバが複数台ある場合は、そのうちの1台を実験台にするとよいでしょう。この方法は、そのサーバを坑道のカナリアに見立てて「カナリアリリース」と呼んだりします。

11-6-2 ◉ じっくり測定する!

　パラメータチューニングの結果を短い時間で判断するのは誤解のもとです。本番環境であれば、最低でも24時間以上は動かしてみてから判断すべきです（ただし、あからさまにひどい状況であればすぐに切り戻しましょう）。

　パラメータ変更を適用するための再起動でメモリ利用状況などがリセットされたり、時間経過とともにメモリの利用状況が変化していくなどの理由が考えられます。時間経過とともにメモリ利用状況が変化するということは、いわゆる暖機運転が有効だというこです。そのため起動直後の暖機運転前と暖機運転後を比較しても的確な判断はできません。暖機運転後同士を比較しましょう。

　なおInnoDBバッファプールについては、以下のものを利用すると停止前の状況がかなり再現できますが、その分ディスク使用量や停止／起動の所要時間が必要になります。

- innodb_buffer_pool_dump_pct
- innodb_buffer_pool_dump_at_shutdown
- innodb_buffer_pool_load_at_startup

11-6-3 ◉ 一度にいろいろやらない!

　パラメータチューニングではMySQLの再起動が必要な場合もあります。できるだけ再起動の回数を減らすために、一度に複数のチューニングを行いたい気持ちもわかりますが、それはだめです。

　どのチューニングの効果があったのか、なかったのか判断するには、一度に実施するチューニングは1項目だけにする必要があります（ただし、「今より状況がよくなる見込みがあれば、何でもいい」というような切迫した状況であればこの限りではありません）。

11-6-4 ◉ 全体に目を配る!

　ある特定項目を改善するためにチューニングを行ってその項目が改善しても、他の項目に悪影響が出る場合がよくあります。

現場で役立つMySQL実践テクニック **Part 2** 運用編

チューニングの効果の有無は、目的の項目で判断しますが、そのチューニングが適切かどうかはシステム全体を見て判断する必要があります。必ず他の項目もフラットな気持ちで確認しましょう。

最近はクラウドサービスを利用することが増えています。クラウドサービスは利用可能なリソースがタイミングにより動的に変化することがあるため、その点も考慮に入れて判断しましょう。

例えば、AWSにおけるCPUクレジットやI/Oクレジットなどの確認可能な項目だけでなく、共有サービスであれば同居人のシステム利用状況に影響を受けることもありますので要注意です。自分では条件を揃えたつもりでも条件が揃っていない（制御不可能な制約により条件を揃えられていない）可能性が考えられます。

11-6-5●オンライン設定変更を活用！でも忘れずに永続化！

パラメータはオンラインで変更できるものが多くあります。MySQLの再起動はシステム全体の観点で見るといろいろなところに影響を及ぼします。オンラインで設定変更可能なものは積極的に活用しましょう。

ただし、必要な設定を設定ファイルに書き忘れ、再起動したことで設定がリセットされる事故が後を絶ちません。そのような状況に陥らないよう注意してください。6時間目で紹介した「SET PERSIST」を活用するなど、永続化が漏れないようにしましょう。

また、MySQLだけで完結させるのではなく、タスク管理ツールなどを活用して、それらのミスをカバーしていくのもよいでしょう。

確認テスト

Q1 チューニングで一番大事なことは何でしょうか。

Q2 次の□内に入る言葉を入れてください。

MySQLの最大メモリ使用量の推定は □1□ ＋ □2□ ＋ □3□ で行う。

Q3 innodb_dedicated_server を設定したとき MySQL が自動設定してくれる4つの設定項目は何でしょうか。

12時間目 チューニングの基礎知識
～インデックス／クエリチューニング

12時間目では、チューニングの基礎知識として、インデックス／クエリチューニングについて学習します。データベース管理者にとって、MySQLの動作を高速化する方法と同じく、MySQLを高速に動作させる方法を知り実践することはとても重要です。「あなたがいるとMySQLが速い！」と言ってもらえるようになりましょう。

今回のゴール

- スロークエリログを出力／分析できる
- クエリをプロファイリングできる
- 実行計画を確認／分析できる
- インデックスの仕組みを理解する
- クエリを最適化できる

≫ 12-1 インデックス／クエリチューニングの流れ

12-1-1●インデックス／クエリチューニングの流れ

インデックスやクエリのチューニングも計測／試行のサイクルを遂行します。インデックス／クエリチューニングは以下の流れで実施します。

① スロークエリログの分析を行い、どのクエリからチューニングすべきか判断する
② クエリプロファイリングと実行計画確認を行い、対象のクエリのチューニングポイ

現場で役立つMySQL実践テクニック

Part 2 運用編

ントを判断する

③ インデックス／クエリチューニングを行う

④ クエリプロファイリングと実行計画確認を行い、チューニングが妥当かを確認する

⑤ ①に戻る

12-1-2 ● スロークエリログ

MySQLには、重たいクエリを記録するスロークエリログという機能があります。slow_query_logを指定することで有効になり、データディレクトリ直下の「ホスト名-slow.log」に出力されます。また slow_query_log_fileを指定すると、出力先ファイルパス／ファイル名を変更できます。

クエリが重たいかどうかの基準は、以下のように設定されています。これらをすべて満たした場合は、クエリがスロークエリログに記録されます。

- long_query_time（秒）以上かかったクエリ。デフォルトは10（0はすべて）
- min_examined_row_limit 行以上読み込んだクエリ。デフォルトは0（すべて）

ただし log_queries_not_using_indexes が指定された場合は、上記の条件に関係なくインデックスを利用していないクエリが記録されます。

スロークエリログの出力量が多すぎて困るという場合は、log_throttle_queries_not_using_indexes を指定すると、1分あたりの出力量を制限できます。

12-1-3 ● 試してみよう

試しに3秒以上かかったクエリ、またはインデックスを利用していないクエリをスロークエリログファイルに出力する設定をします。**リスト12.1**をmy.cnfに設定し、MySQLを再起動します。

リスト12.1 my.cnfの設定

```
slow_query_log
long_query_time=3
log_queries_not_using_indexes
```

手順は以下のとおりです。

291

12 時間目 チューニングの基礎知識 ～インデックス／クエリチューニング

```
[root@db01 ~]# echo "slow_query_log"                | tee -a /etc/my.cnf
[root@db01 ~]# echo "long_query_time=3"             | tee -a /etc/my.cnf
[root@db01 ~]# echo "log_queries_not_using_indexes" | tee -a /etc/my.cnf
[root@db01 ~]# systemctl restart mysqld
```

「SHOW VARIABLES」を実施して値が反映されていれば成功です。

```
mysql> SHOW VARIABLES LIKE 'slow_query%';
+--------------------+----------------------------+
| Variable_name      | Value                      |
+--------------------+----------------------------+
| slow_query_log     | ON                         |
| slow_query_log_file | /var/lib/mysql/db01-slow.log |
+--------------------+----------------------------+
2 rows in set (0.00 sec)

mysql> SHOW VARIABLES LIKE 'long_query%';
+-----------------+----------+
| Variable_name   | Value    |
+-----------------+----------+
| long_query_time | 3.000000 |
+-----------------+----------+
1 row in set (0.01 sec)

mysql> SHOW VARIABLES LIKE 'log_queries_%';
+-------------------------------+-------+
| Variable_name                 | Value |
+-------------------------------+-------+
| log_queries_not_using_indexes | ON    |
+-------------------------------+-------+
1 row in set (0.00 sec)
```

Part 2
現場で役立つMySQL実践テクニック 運用編

　準備ができたのでクエリを実行してみましょう。3秒未満で完了するインデックスを利用しないクエリを実行してみます。

```
mysql> SELECT * FROM performance_schema.variables_info WHERE VARIABLE_NAME
LIKE 'slow_query%'\G
*************************** 1. row ***************************
  VARIABLE_NAME: slow_query_log
VARIABLE_SOURCE: GLOBAL
  VARIABLE_PATH: /etc/my.cnf
      MIN_VALUE: 0
      MAX_VALUE: 0
       SET_TIME: NULL
       SET_USER: NULL
       SET_HOST: NULL
*************************** 2. row ***************************
  VARIABLE_NAME: slow_query_log_file
VARIABLE_SOURCE: COMPILED
  VARIABLE_PATH:
      MIN_VALUE: 0
      MAX_VALUE: 0
       SET_TIME: NULL
       SET_USER: NULL
       SET_HOST: NULL
2 rows in set (0.01 sec)
```

　スロークエリログに以下のように記録されます。1行目は実行日時、2行目は接続元／ユーザ／実行したスレッドのスレッドID、3行目は実行結果の計測値、4行目以降はクエリです。クエリの「SET timestamp」は自動的に記録されます。実行結果6行目の各項目の意味は**表12.1**のとおりです。

12時間目 チューニングの基礎知識 〜インデックス／クエリチューニング

```
/usr/sbin/mysqld, Version: 8.0.16 (MySQL Community Server - GPL). started with:
Tcp port: 0  Unix socket: /var/lib/mysql/mysql.sock
Time                 Id Command    Argument
# Time: 2019-06-20T10:38:09.928489Z
# User@Host: root[root] @ localhost []  Id:        8
# Query_time: 0.004767  Lock_time: 0.001680 Rows_sent: 2  Rows_examined: 575
SET timestamp=1561027089;
SELECT * FROM performance_schema.variables_info WHERE VARIABLE_NAME LIKE 'slow_
query%';
```

表12.1 スロークエリログの各項目の意味

項目	説明
Query_time	クエリ実行にかかった時間（秒）
Lock_time	ロックした時間（秒）
Rows_sent	結果として返却した行数
Rows_examined	実行中に読み込んだ行数

Note　スロークエリログの出力先を探す

スロークエリログの出力先ファイルがわからない場合はslow_query_log_fileを確認してください。

```
mysql> SHOW VARIABLES LIKE 'slow%file';
+---------------------+-----------------------------+
| Variable_name       | Value                       |
+---------------------+-----------------------------+
| slow_query_log_file | /var/lib/mysql/db01-slow.log |
+---------------------+-----------------------------+
1 row in set (0.01 sec)
```

チューニングにおいて特に重要なのはLock_time、Rows_examinedです。ロック

がかかっている間は他のトランザクションに影響が出る可能性があるため、Lock_time が短いほど同時実行性能が高くなります。Rows_examinedが大きいということはそれだけコツコツと行を読み込んだということで、チューニングポイントになります。

インデックスを活用し、Rows_examinedが小さくなるようにチューニングしましょう。

》 12-2 スロークエリログの分析

スロークエリログは、出力そのものを見て特定のクエリを改善する試行錯誤のために使うことができます。

また別の利用方法として、しばらく出力して結果を解析することで、どのクエリをチューニングすべきか特定するために利用することもできます。解析は mysqldumpslowコマンドで行います。

書式

> mysqldumpslow オプション スロークエリログファイル

「スロークエリログファイル」は複数指定可能です。「オプション」でよく使うのは -s（並び順指定）です。「-s 並び順」オプションで指定可能な並び順は**表12.2**のとおりです。デフォルトはatです。

表12.2 -sで指定可能な並び順

指定	説明
t	同種のクエリのQuery_timeの合計。これで上位にくるクエリはシステム専有時間が長い可能性が高く真っ先にチューニング対象となる
at	同種のクエリのQuery_timeの平均（Average）
l	同種のクエリのLock_timeの合計。これで上位にくるクエリはシステムがリソースを有効に活用できない原因となっている可能性があるので要確認
al	同種のクエリのLock_timeの平均（Average）
r	同種のクエリのRows_examinedの合計
ar	同種のクエリのRows_examinedの平均（Average）
c	同種のクエリの実行回数

mysqldumpslowコマンドは同じクエリごとにまとめるのではなく、可変部分を正規化してまとめて統計を取ってくれます。そのためどのようなクエリが問題なのかを簡単に洗い出すことができます。

例えば、「SELECT * FROM user WHERE user_id=1;」と「SELECT * FROM user WHERE user_id=2;」がスロークエリログに記録されている場合、mysqldumpslowコマンドは条件部分をNと正規化し、「SELECT * FROM user WHERE user_id=N;」が2回と計上します。

12-2-1●試してみよう

mysqldumpslowコマンドの実行例は以下のとおりです。

```
[root@db01 ~]# mysqldumpslow /var/lib/mysql/db01-slow.log

Reading mysql slow query log from /var/lib/mysql/db01-slow.log
Count: 1  Time=0.00s (0s)  Lock=0.00s (0s)  Rows=2.0 (2), root[root]@localhost
  SELECT * FROM performance_schema.variables_info WHERE VARIABLE_NAME LIKE 'S'
```

どのクエリからチューニングすべきかの特定手順はボトルネックになっている箇所により異なりますが、「-s t」でシステム専有時間が長いものから順番に対処していくことが多いです。

 12-3 クエリプロファイリング

クエリプロファイリングはデフォルトで無効ですが、セッション変数profilingで有効にします。

有効な間のクエリはプロファイリングされます。また無効にするにはセッション変数profilingを0にします。「SHOW PROFILE」でプロファイルを見ることができます（**リスト12.2**）。

Part 2 現場で役立つMySQL実践テクニック 運用編

リスト12.2 クエリプロファイリングの設定

```
クエリプロファイリング開始
SET profiling=1;
クエリを実行
SELECT ...
プロファイルを確認
SHOW PROFILE;
クエリプロファイリング終了
SET profiling=0;
```

12-3-1●試してみよう

クエリプロファイリングの実行例は以下のとおりです。少し順番が前後しますが、12-6のクエリ最適化の項で作成／利用するデータベース／クエリを利用した例は以下のとおりです。

```
mysql> SET profiling=1;
Query OK, 0 rows affected, 1 warning (0.00 sec)

mysql> SELECT
    ->     emp_no, salary
    -> FROM
    ->     salaries
    -> WHERE
    ->     from_date <= "2000-01-01" AND to_date > "2000-01-01"
    -> AND emp_no IN (
    ->     SELECT emp_no FROM employees WHERE hire_date >= "1989-01-08"
    ->     )
    -> ORDER BY
    ->     salary DESC, emp_no ASC
    -> LIMIT 10;
+--------+--------+
```

（次ページに続く）

12
時間目 チューニングの基礎知識 〜インデックス／クエリチューニング

（前ページの続き）

```
| emp_no | salary |
+--------+--------+
| 205000 | 149241 |
|  37558 | 141292 |
| 218237 | 139059 |
| 282030 | 138393 |
|  41822 | 137276 |
| 272431 | 137188 |
| 406747 | 136230 |
|  21587 | 135837 |
|  44188 | 135727 |
|  18997 | 135430 |
+--------+--------+
10 rows in set (0.78 sec)


mysql> SHOW PROFILE;
+--------------------------------+----------+
| Status                         | Duration |
+--------------------------------+----------+
| starting                       | 0.000265 |
| Executing hook on transaction  | 0.000018 |
| starting                       | 0.000018 |
| checking permissions           | 0.000011 |
| checking permissions           | 0.000009 |
| Opening tables                 | 0.000099 |
| init                           | 0.000013 |
| System lock                    | 0.000020 |
| optimizing                     | 0.000042 |
| statistics                     | 0.000060 |
| preparing                      | 0.000032 |
| Creating tmp table             | 0.000035 |
| Sorting result                 | 0.000024 |
```

（次ページに続く）

Part 2 運用編

現場で役立つMySQL実践テクニック

（前ページの続き）

```
| executing                       | 0.000008 |
| Sending data                    | 0.000013 |
| Creating sort index             | 0.781328 |
| end                             | 0.000023 |
| query end                       | 0.000005 |
| waiting for handler commit      | 0.000012 |
| removing tmp table              | 0.000424 |
| waiting for handler commit      | 0.000015 |
| closing tables                  | 0.000016 |
| freeing items                   | 0.000033 |
| logging slow query              | 0.000052 |
| cleaning up                     | 0.000015 |
+---------------------------------+----------+
25 rows in set, 1 warning (0.00 sec)


mysql> SET profiling=0;
Query OK, 0 rows affected, 1 warning (0.00 sec)
```

　プロファイルは保存されますので、「SHOW PROFILES」で一覧確認、「SHOW PROFILE FOR」でIDを指定して確認ができます。

```
mysql> SHOW PROFILES\G
*************************** 1. row ***************************
Query_ID: 1
Duration: 0.78258725
   Query: SELECT
    emp_no, salary
FROM
    salaries
WHERE
    from_date <= "2000-01-01" AND to_date > "2000-01-01"
```

（次ページに続く）

299

チューニングの基礎知識 ～インデックス／クエリチューニング

（前ページの続き）

```
AND emp_no IN (
    SELECT emp_no FROM employees WHERE hire_date >= "1989-01-08"
)
ORDER BY
    salary DESC, sala

mysql> SHOW PROFILE FOR QUERY 1;
+--------------------------------+----------+
| Status                         | Duration |
+--------------------------------+----------+
| starting                       | 0.000265 |
| Executing hook on transaction  | 0.000018 |
| starting                       | 0.000018 |
| checking permissions           | 0.000011 |
| checking permissions           | 0.000009 |
| Opening tables                 | 0.000099 |
| init                           | 0.000013 |
| System lock                    | 0.000020 |
| optimizing                     | 0.000042 |
| statistics                     | 0.000060 |
| preparing                      | 0.000032 |
| Creating tmp table             | 0.000035 |
| Sorting result                 | 0.000024 |
| executing                      | 0.000008 |
| Sending data                   | 0.000013 |
| Creating sort index            | 0.781328 |
| end                            | 0.000023 |
| query end                      | 0.000005 |
| waiting for handler commit     | 0.000012 |
| removing tmp table             | 0.000424 |
| waiting for handler commit     | 0.000015 |
| closing tables                 | 0.000016 |
```

（次ページに続く）

現場で役立つMySQL実践テクニック

（前ページの続き）

```
| freeing items                    | 0.000033 |
| logging slow query               | 0.000052 |
| cleaning up                      | 0.000015 |
+----------------------------------+----------+
25 rows in set, 1 warning (0.00 sec)
```

また「SHOW PROFILE ALL」とALLをつけることで、項目ごとのより詳細なプロファイルが確認できます。それぞれの列の意味はドキュメントを参照してください。

- MySQL :: MySQL 8.0 Reference Manual :: 25.20 The INFORMATION_SCHEMA
  PROFILING Table
  https://dev.mysql.com/doc/refman/8.0/en/profiling-table.html

```
mysql> SHOW PROFILE ALL FOR QUERY 1\G
*************************** 1. row ***************************
             Status: starting
           Duration: 0.000265
           CPU_user: 0.000263
         CPU_system: 0.000000
  Context_voluntary: 0
Context_involuntary: 0
       Block_ops_in: 0
      Block_ops_out: 0
      Messages_sent: 0
  Messages_received: 0
  Page_faults_major: 0
  Page_faults_minor: 0
              Swaps: 0
    Source_function: NULL
        Source_file: NULL
        Source_line: NULL
略
25 rows in set, 1 warning (0.00 sec)
```

12時間目 チューニングの基礎知識 〜インデックス／クエリチューニング

- MySQL :: MySQL 8.0 Reference Manual :: 13.7.6.30 SHOW PROFILE Syntax
  https://dev.mysql.com/doc/refman/8.0/en/show-profile.html

クエリプロファイルのStatusに列挙される項目はクエリごとに異なります。その中でも主な項目と意味は**表12.3**のとおりです。

表12.3 クエリプロファイルの各項目

項目	説明
Sending data	データをストレージから読み込んでいた時間と、クライアントに送信していた時間。語感からは前者が想像しづらいので注意
Writing to net	（リモートの）クライアントに結果を送信していた時間
Creating tmp table	メモリ上の一時テーブルを作成する処理をしていた時間。スレッドバッファ内で処理しきらない場合などには自動的に一時テーブルを利用する
Copying to tmp table	データをメモリ上の一時テーブルに投入処理していた時間
Copying to tmp table on disk	データをディスク上の一時テーブルに投入処理していた時間。メモリ上の一時テーブルのサイズが規定量を越えた場合は自動的にディスクに書き出される。とても重たい処理なのでなくしていくこと
Creating sort index	内部一時テーブルを利用したSELECTのソート処理をしていた時間
Sorting result	内部一時テーブルを利用せずSELECTのソート処理をしていた時間
Copying to group table	ORDER BYとGROUP BYの列が異なる場合にグループの列でソートして一時テーブルに投入していた時間
Sorting for group	GROUP BYのためのソート処理をしていた時間
Sorting for order	ORDER BYのためのソート処理をしていた時間

例えば以下の出力の場合、クエリ実行時間のほとんどがSending dataにかかっていることがわかります。

（次ページに続く）

（前ページの続き）

```
| checking permissions        | 0.000009 |
| Opening tables               | 0.000084 |
| init                         | 0.000011 |
| System lock                  | 0.000012 |
| optimizing                   | 0.000018 |
| statistics                   | 0.000113 |
| preparing                    | 0.000023 |
| Creating tmp table           | 0.000035 |
| Sorting result               | 0.000010 |
| executing                    | 0.000004 |
| Sending data                 | 1.053430 |
| Creating sort index          | 0.009875 |
| end                          | 0.000012 |
| query end                    | 0.000011 |
| waiting for handler commit   | 0.000006 |
| query end                    | 0.000008 |
| removing tmp table           | 0.006171 |
| query end                    | 0.000023 |
| closing tables               | 0.000018 |
| freeing items                | 0.000036 |
| logging slow query           | 0.002063 |
| cleaning up                  | 0.000042 |
+------------------------------+----------+
24 rows in set, 1 warning (0.00 sec)
```

>> 12-4 実行計画確認（EXPLAIN）

　MySQLがクエリを受け取ってから実行するまでには、クエリ解析→実行計画策定→実行という段取りがあります。実行計画策定フェーズでは、そのクエリをどのように実行するのか、MySQLが統計情報やインデックス有無などをもとに判断します。

　「EXPLAIN」を使うことで、クエリの実行計画をどのように判断したか確認できます。

12時間目 チューニングの基礎知識 〜インデックス／クエリチューニング

書式

> EXPLAIN クエリ

「クエリ」は、「SELECT ……」のような、計測対象のクエリそのものです。測定対象のクエリは実際には実行されず、実行計画が表示されるだけです。「INSERT」や「UPDATE」のようなデータを変更するクエリだけでなく、参照のみの「SELECT」も実行されません。

SQLの実行計画策定を担うのがクエリオプティマイザという機構です。つまり「EXPLAIN」ではクエリオプティマイザの判断結果を確認することができます。

クエリオプティマイザは統計情報やインデックス有無をもとに実行計画を判断します。基本的にはインデックスを使うほうが効率的ですが、カーディナリティ（その列に格納された値の種類数）が低い場合はインデックスの効果が低くなるため、その分は差し引いて考える必要があります。

またインデックスが複数ある場合は、どのインデックスを利用するのが効果的か判断しなければなりません。

クエリオプティマイザはこのような判断を瞬時に行い、実行計画を策定しています。

Note　カーディナリティ

> ある列Aの値8個あり内容が「11234556」だった場合、種類数は6です。ある列Bの値8個あり、内容が「ynnynyyn」だった場合、種類数は2です。この場合、列Aはカーディナリティが大きく、列Bはカーディナリティが小さいと言います。
>
> 列A、列Bともにインデックスが付与されている場合、列Aはデータ8個に対し6種類なので1〜2個に絞り込める可能性が高いのに対し、列Bはデータ8個に対し2種類なので4個に絞り込める可能性が高いと考えられます。そのため効率的に対象データを絞り込む場合は列Aのインデックスを利用すると効率が良いと判断されやすいです。

12-4-1 ● 試してみよう

「EXPLAIN」を利用してクエリの実行計画を表示してみましょう。

Part 2 現場で役立つMySQL実践テクニック **運用編**

```
mysql> EXPLAIN SELECT
    ->     emp_no, salary
    -> FROM
    ->     salaries
    -> WHERE
    ->     from_date <= "2000-01-01" AND to_date > "2000-01-01"
    -> AND emp_no IN (
    ->     SELECT emp_no FROM employees WHERE hire_date >= "1989-01-08"
    ->     )
    -> ORDER BY
    ->     salary DESC, emp_no ASC
    -> LIMIT 10\G
*************************** 1. row ***************************
           id: 1
  select_type: SIMPLE
        table: employees
   partitions: NULL
         type: ALL
possible_keys: PRIMARY
          key: NULL
      key_len: NULL
          ref: NULL
         rows: 299157
     filtered: 33.33
        Extra: Using where; Using temporary; Using filesort
*************************** 2. row ***************************
           id: 1
  select_type: SIMPLE
        table: salaries
   partitions: NULL
         type: ref
possible_keys: PRIMARY
```

（次ページに続く）

12
時間目 チューニングの基礎知識 〜インデックス／クエリチューニング

（前ページの続き）

```
         key: PRIMARY
     key_len: 4
         ref: employees.employees.emp_no
        rows: 9
    filtered: 11.11
       Extra: Using where
2 rows in set, 1 warning (0.00 sec)
```

項目と意味は**表12.4**のとおりです。詳細は公式ドキュメントを参照してください。

- MySQL :: MySQL 8.0 Reference Manual :: 8.8.2 EXPLAIN Output Format
  https://dev.mysql.com/doc/refman/8.0/en/explain-output.html

表12.4 クエリの実行計画の各項目

項目	説明
id	クエリ内のSELECTのID
select_type	SELECTの種類。SIMPLEが基本で、SUBQUERYなどがある
table	対象テーブル
partitions	パーティショニングしている場合はパーティションが表示される
type	Joinの種類。効率が良い順にconst（主キーまたはUNIQUEインデックス）、eq_ref（JOINでの主キーまたはUNIQUEインデックス）、ref（UNIQUEでないインデックスで=）、range（インデックスを使った範囲検索）、index（インデックスをフルスキャン）、ALL（インデックスを使わずテーブルを全部見る）などがある
possible_keys	採用可能なインデックス
key	採用したインデックス
key_len	MySQLが採用したキーの長さ。キー長が短いほうが高速
ref	比較対象となる列名
rows	走査対象となりそうな行数
filtered	どの程度絞り込まれるかの見積り（%）
Extra	備考

備考がとても重要です。主な出力は**表12.5**のとおりです。詳細は公式ドキュメントを参照してください。

Part 2
現場で役立つMySQL実践テクニック
運用編

- EXPLAIN Output Format
  https://dev.mysql.com/doc/refman/8.0/en/explain-output.html#explain-extrainformation

表12.5 クエリの実行計画の備考

出力	説明
Using index	クエリがインデックスだけで解決できる
Using where	WHERE がインデックスだけで解決できない
Using temporary	クエリ実行のために一時テーブルが必要
Using filesort	sort buffer を使い一時テーブルで並べ替えが発生している

　チェックポイントは、keyで意図したインデックスが採用されていること、Extraで Using filesort が表示されていないことです。

　クエリオプティマイザはMySQLのバージョンが上がるごとに進化しています。rows列があることからもわかるように、上記のとおりデータの量（行数）も考慮し判断しています。必ず実際のバージョン／実際のデータ（あるいはそれに十分近いデータ）で検証しましょう。

　上述の通りデータの量や内容を考慮し判断しているため、時間経過に伴うデータの増加によって運用中に実行計画が変わることがあります。その都度確認し、適切なインデックスを付与しましょう。

》 12-5 インデックスについて

　MySQLのインデックスは B-tree です。一般的な二進木（binary tree）とは異なり、1つのノードが多くの子を持つことができます。

　このインデックスは一致検索（=）、範囲検索（>, >=, <, <=, BETWEEN）、部分一致検索のうち前方が固定値のもの（LIKEで%で始まらない条件）に利用できます。インデックスは「CREATE INDEX」で作成する他に、主キーには自動的に作成されます。

書式

```
CREATE タイプ INDEX インデックス名 ON テーブル名 （列名，……）
```

12時間目 チューニングの基礎知識 〜インデックス／クエリチューニング

「タイプ」はUNIQUE（値の重複がない場合に指定すると処理の高速化に寄与する）、FULLTEXT（全文検索用）など、特別な用途の場合のみ指定します。

「インデックス名」はテーブル名と同様任意の名称でよいです。テーブル名と列名を絡めた命名をよく見かけます。

「テーブル名」はインデックスを作成する対象のテーブル名です。

「列名」はインデックスを作成する対象の列名です。列名の後ろにASCやDESCを指定することでインデックスを昇順で作るか、降順で作るか指定できます。

MySQL 8.0から降順がきちんと実装されたため以前より高速になりました。なお列は複数指定できます。これを俗に複合インデックスと呼びます。インデックスの構造上、列の指定順には意味があります。

また複合インデックスは途中まででも使えるので、「(col_A, col_B, col_C)」という複合インデックスを作成した場合、「WHERE col_A=X AND col_B=Y」に対してインデックスが使えます。しかし「WHERE col_B=Y AND col_C=Z」に対しては、インデックスが使えません。「WHERE col_A=X AND col_C=Z」に対しては、「col_A」の分だけ利用できます。

1つのクエリ内で1つのテーブルには1つのインデックスしか利用されないため、必要な項目をうまく網羅するようインデックスを作成するのが腕の見せ所です。

Note｜MySQL 8.0の新機能Invisible Index

MySQL 8.0でInvisible Indexが実装されました。その名のとおり、インデックスをクエリオプティマイザから不可視にすることができます。インデックスの有無は性能に直結するため、作成するときも削除するときも、素早くON/OFFしたくなるものです。

Invisible Indexで不可視にされたインデックスはクエリオプティマイザからは見えなくなりますが、インデックスはメンテナンスされ続けるため可視にすればすぐに元の状況を再現できます。

「CREATE INDEX …… INVISIBLE」として不可視で作成することができます。また「ALTER TABLE」で可視／不可視を切り替えることができます（リスト12.3）。

リスト12.3 可視／不可視の切り替え

```
ALTER TABLE some_table ALTER INDEX maybe_unused_index INVISIBLE;
```

12-6 クエリ最適化

12-6-1 ●クエリ最適化きほんのき

クエリ最適化で一番重要なことは、クエリ書き換えをひるまず実行することです。処理結果そのものに影響しないインデックスの調整だけで済ませたくなる気持ちはわかりますが、課題に対しては適切な対処が必要です。クエリ書き換えが必要なシーンではひるまず、クエリの書き換えを行いましょう。

クエリ個々の話としては、パーサーが解析する手間が少なくなるよう、無駄な()などは省きシンプルに書くこと、3段論法的な条件は展開して書くことを心がけましょう。

公式ドキュメントにもクエリ最適化について記載があります。

- MySQL :: MySQL 8.0 Reference Manual :: 8.2 Optimizing SQL Statements
  https://dev.mysql.com/doc/refman/8.0/en/statement-optimization.html

【例】
- WHEREの()を減らす ((a AND b) AND c) OR (d AND e) → (a AND b AND c) OR (d AND e)
- 値を展開する (a<b AND b=c) AND a=5 → b>5 AND b=c AND a=5

ただし個々のクエリをどんなに高速化しても、数が多ければ負荷になります。以前筆者が携わったシステムで、トップページを表示するためにクエリを1,000回以上発行するシステムがありましたが、このレベルになるとどうがんばっても大量アクセスには対処できませんでした。

アプリケーションの改修やクエリの書き換えで、トータルの性能が向上するよう取り組む必要があります。

12-6-2 ●テスト用データベースのセットアップ

公式サイトにあるサンプルデータベースを利用します。

https://dev.mysql.com/doc/index-other.html

今回はemployeesを利用します。データはGitHubにホストされています。https://

12
時間目

チューニングの基礎知識 ～インデックス／クエリチューニング

github.com/datacharmer/test_db/archive/master.zipを直接ダウンロードするか、Clone or downloadボタンのDownload ZIPからダウンロードできます。またインターネットに接続できないなどの理由でcurlコマンドにてファイルが取得できない場合は、付属DVD-ROMのmaster.zipを利用してください。

https://github.com/datacharmer/test_db

```
[root@db01 ~]# curl -LO https://github.com/datacharmer/test_db/archive/master.zip
[root@db01 ~]# unzip master.zip
[root@db01 ~]# cd test_db-master
[root@db01 ~]# mysql -u root -p <employees.sql
```

employeesデータベースの各テーブルの概要は**表12.6**のとおりです（下記以外のテーブルに見えるものはviewです）。

表12.6 employeesデータベースの各テーブル

テーブル	説明
departments	部署
dept_emp	部署と従業員の紐付け
dept_manager	部署のマネージャ（部門長）
employees	従業員
salaries	各従業員の年俸
titles	役職

MySQL Workbenchで出力したemployeesデータベースのER図は**図12.1**のとおりです。

図12.1 employeesデータベースのER図

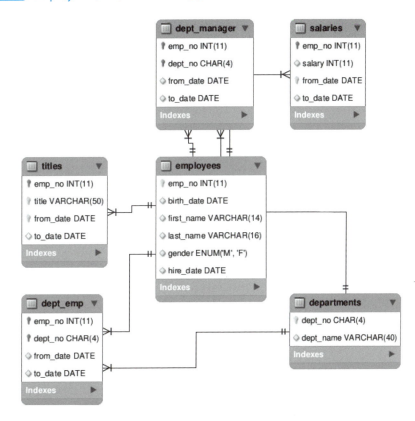

12-6-3 ● 試してみよう

平成入社の2000-01-01時点の給与ランキングTOP10を出してみます（**リスト12.4**）。平成は1989-01-08〜2019-04-30です。「hire_date >= "1989-01-08"」の条件だと令和以降も含まれますが、2000-01-01時点の給与データが存在するという条件を勘案し簡易的にこのように処理しました。もし一度退社した社員が再度入社した場合に同じemp_noを利用するシステムだった場合、昭和に入社して2000-01-01以降に退社し、令和以降にカムバックした社員のぶんも参入されてしまうため、このSQLは要件を満たさない結果を返します。

12時間目 チューニングの基礎知識 ～インデックス／クエリチューニング

リスト12.4 給与ランキングTOP10の抽出

```
SELECT
    emp_no, salary
FROM
    salaries
WHERE
    from_date <= "2000-01-01" AND to_date > "2000-01-01"
AND emp_no IN (
    SELECT emp_no FROM employees WHERE hire_date >= "1989-01-08"
    )
ORDER BY
    salary DESC, emp_no ASC
LIMIT 10
```

まずは EXPLAIN、PROFILE とスロークエリログを見てみます。「SET SESSION long_query_time=0」として調査用のセッションは必ずスロークエリログに出力するように設定すると便利です。

「USE employees」でデータベースを選択してからクエリを発行してください。

```
mysql> USE employees;
略
mysql> EXPLAIN SELECT
    ->    emp_no, salary
    -> FROM
    ->    salaries
    -> WHERE
    ->    from_date <= "2000-01-01" AND to_date > "2000-01-01"
    -> AND emp_no IN (
    ->    SELECT emp_no FROM employees WHERE hire_date >= "1989-01-08"
    ->    )
    -> ORDER BY
```

（次ページに続く）

Part 2 現場で役立つMySQL実践テクニック 運用編

（前ページの続き）

```
    ->     salary DESC, emp_no ASC
    -> LIMIT 10\G
*************************** 1. row ***************************
           id: 1
  select_type: SIMPLE
        table: employees
   partitions: NULL
         type: ALL
possible_keys: PRIMARY
          key: NULL
      key_len: NULL
          ref: NULL
         rows: 299157
     filtered: 33.33
        Extra: Using where; Using temporary; Using filesort
*************************** 2. row ***************************
           id: 1
  select_type: SIMPLE
        table: salaries
   partitions: NULL
         type: ref
possible_keys: PRIMARY
          key: PRIMARY
      key_len: 4
          ref: employees.employees.emp_no
         rows: 9
     filtered: 11.11
        Extra: Using where
2 rows in set, 1 warning (0.00 sec)
```

　employeesのkeyがNULLでインデックスが使われていませんし、Using
temporary、Using filesortがあります。よくないですね。

313

12
時間目 | チューニングの基礎知識 ～インデックス／クエリチューニング

　次はスロークエリログとクエリプロファイルを取得します。まずスロークエリログの閾値を0秒にしてすべてのクエリを対象とします。「SET profiling」でプロファイリングを有効にした上でクエリを実行し結果を確認します。

```
mysql> SET SESSION long_query_time=0;
Query OK, 0 rows affected (0.00 sec)

mysql> SHOW VARIABLES LIKE 'long_query%';
+-----------------+----------+
| Variable_name   | Value    |
+-----------------+----------+
| long_query_time | 0.000000 |
+-----------------+----------+
1 row in set (0.00 sec)

mysql> SET profiling=1;
Query OK, 0 rows affected, 1 warning (0.00 sec)

mysql> SELECT
    ->     emp_no, salary
    -> FROM
    ->     salaries
    -> WHERE
    ->     from_date <= "2000-01-01" AND to_date > "2000-01-01"
    -> AND emp_no IN (
    ->     SELECT emp_no FROM employees WHERE hire_date >= "1989-01-08"
    ->     )
    -> ORDER BY
    ->     salary DESC, emp_no ASC
    -> LIMIT 10;
+--------+--------+
| emp_no | salary |
```

（次ページに続く）

314

Part 2 現場で役立つMySQL実践テクニック　運用編

（前ページの続き）

```
+---------+---------+
| 205000  | 149241  |
|  37558  | 141292  |
| 218237  | 139059  |
| 282030  | 138393  |
|  41822  | 137276  |
| 272431  | 137188  |
| 406747  | 136230  |
|  21587  | 135837  |
|  44188  | 135727  |
|  18997  | 135430  |
+---------+---------+
10 rows in set (0.68 sec)

mysql> SHOW PROFILE;
+-------------------------------+----------+
| Status                        | Duration |
+-------------------------------+----------+
| starting                      | 0.000317 |
| Executing hook on transaction | 0.000023 |
| starting                      | 0.000022 |
| checking permissions          | 0.000014 |
| checking permissions          | 0.000011 |
| Opening tables                | 0.000129 |
| init                          | 0.000021 |
| System lock                   | 0.000025 |
| optimizing                    | 0.000056 |
| statistics                    | 0.000080 |
| preparing                     | 0.000047 |
| Creating tmp table            | 0.000046 |
| Sorting result                | 0.000034 |
```

（次ページに続く）

12
時間目 チューニングの基礎知識 〜インデックス／クエリチューニング

（前ページの続き）

```
| executing                  | 0.000115 |
| Sending data               | 0.000026 |
| Creating sort index        | 0.678431 |
| end                        | 0.000022 |
| query end                  | 0.000006 |
| waiting for handler commit | 0.000012 |
| removing tmp table         | 0.000240 |
| waiting for handler commit | 0.000015 |
| closing tables             | 0.000016 |
| freeing items              | 0.000034 |
| logging slow query         | 0.000046 |
| cleaning up                | 0.000014 |
+----------------------------+----------+
25 rows in set, 1 warning (0.00 sec)
```

　Creating sort indexが圧倒的に大きく、データの並べ替えに時間がかかっていることがわかります。スロークエリログを見てみます。

```
# Query_time: 0.679724  Lock_time: 0.000536 Rows_sent: 10  Rows_examined: 1701874
SET timestamp=1561355923;
SELECT
    emp_no, salary
FROM
    salaries
WHERE
    from_date <= "2000-01-01" AND to_date > "2000-01-01"
AND emp_no IN (
    SELECT emp_no FROM employees WHERE hire_date >= "1989-01-08"
    )
ORDER BY
    salary DESC, emp_no ASC
LIMIT 10;
```

Part 2 現場で役立つMySQL実践テクニック 運用編

Rows_examinedを見ると、実際のところ1,701,874行を読み込んだようです。大量の行を読み込んでいることがわかったので、インデックスを使って行の読み込み量を減らしましょう。

EXPLAINの結果から、インデックスを使っていなかったemployeesテーブルにインデックスを付与してみます（**リスト12.5**）。

リスト12.5 インデックスの付与

```
CREATE INDEX hire_date ON employees (hire_date);
```

インデックスを作成し、EXPLAIN、PROFILEスロークエリログを再度確認します。

```
mysql> CREATE INDEX hire_date ON employees (hire_date);
Query OK, 0 rows affected (0.73 sec)
Records: 0  Duplicates: 0  Warnings: 0

mysql> EXPLAIN SELECT ...
略
*************************** 1. row ***************************
           id: 1
  select_type: SIMPLE
        table: employees
   partitions: NULL
         type: range
possible_keys: PRIMARY,hire_date
          key: hire_date
      key_len: 3
          ref: NULL
         rows: 149578
     filtered: 100.00
        Extra: Using where; Using index; Using temporary; Using filesort
```

（次ページに続く）

12
時間目 チューニングの基礎知識 ～インデックス／クエリチューニング

（前ページの続き）

```
*************************** 2. row ***************************
          id: 1
 select_type: SIMPLE
       table: salaries
  partitions: NULL
        type: ref
possible_keys: PRIMARY
         key: PRIMARY
     key_len: 4
         ref: employees.employees.emp_no
        rows: 9
    filtered: 11.11
       Extra: Using where
2 rows in set, 1 warning (0.00 sec)


mysql> SELECT ...
略
10 rows in set (1.03 sec)


mysql> SHOW PROFILE;
+--------------------------------+----------+
| Status                         | Duration |
+--------------------------------+----------+
| starting                       | 0.000223 |
| Executing hook on transaction  | 0.000015 |
| starting                       | 0.000122 |
| checking permissions           | 0.000275 |
| checking permissions           | 0.000028 |
| Opening tables                 | 0.000129 |
| init                           | 0.000018 |
| System lock                    | 0.000023 |
```

（次ページに続く）

（前ページの続き）

```
| optimizing                  | 0.000053 |
| statistics                  | 0.000192 |
| preparing                   | 0.000044 |
| Creating tmp table          | 0.000132 |
| Sorting result              | 0.000035 |
| executing                   | 0.000009 |
| Sending data                | 0.000020 |
| Creating sort index         | 0.844563 |
| end                         | 0.000019 |
| query end                   | 0.000005 |
| waiting for handler commit  | 0.000015 |
| removing tmp table          | 0.000348 |
| waiting for handler commit  | 0.000011 |
| closing tables              | 0.000015 |
| freeing items               | 0.000027 |
| logging slow query          | 0.000040 |
| cleaning up                 | 0.000034 |
+-----------------------------+----------+
25 rows in set, 1 warning (0.00 sec)
```

```
# Query_time: 0.846298  Lock_time: 0.000802 Rows_sent: 10  Rows_examined: 1564924
略
```

　作成したインデックスが使われましたが、Creating sort indexの所要時間、クエリ全体の所要時間は長くなってしまいました。Using temporary、Using filesortが報告されています。

　よく見ると、行数の多いsalariesが主キーしか使われていません。salariesで効くインデックスを作成してみましょう……。と思ったのですがわたしはいろいろ試したもののPRIMARYが選択されてしまいました。

　そこでクエリをJOINに書き換えてみることにします（**リスト12.6**）。

12時間目 チューニングの基礎知識 〜インデックス／クエリチューニング

リスト12.6 クエリをJOINに書き換え

```
SELECT
    salaries.emp_no, salaries.salary
FROM
    salaries,
    employees
WHERE
    salaries.from_date <= "2000-01-01"
AND salaries.to_date > "2000-01-01"
AND salaries.emp_no = employees.emp_no
AND employees.hire_date >= "1989-01-08"
ORDER BY
    salaries.salary DESC, salaries.emp_no ASC
LIMIT 10
```

それぞれのテーブルで利用する列を含んだインデックスを作成します（**リスト12.7**）。このように利用するすべての列を含むインデックスをカバリングインデックスと呼びます。

リスト12.7 インデックスの作成

```
CREATE INDEX salary__emp_no__from_date__to_date ON salaries (salary DESC, ↵
emp_no, from_date, to_date);
```

いざ！

```
mysql> EXPLAIN SELECT
略
*************************** 1. row ***************************
          id: 1
 select_type: SIMPLE
```

（次ページに続く）

Part 2 現場で役立つMySQL実践テクニック **運用編**

（前ページの続き）

```
           table: employees
      partitions: NULL
            type: range
   possible_keys: PRIMARY,hire_date
             key: hire_date
         key_len: 3
             ref: NULL
            rows: 149578
        filtered: 100.00
           Extra: Using where; Using index; Using temporary; Using filesort
*************************** 2. row ***************************
              id: 1
     select_type: SIMPLE
           table: salaries
      partitions: NULL
            type: ref
   possible_keys: PRIMARY
             key: PRIMARY
         key_len: 4
             ref: employees.employees.emp_no
            rows: 9
        filtered: 11.11
           Extra: Using where
2 rows in set, 1 warning (0.00 sec)
```

　作成したインデックスが利用されていません。そこで「USE INDEX」で作成したインデックスを利用するよう指定してみます（**リスト12.8**）。

12時間目 チューニングの基礎知識 〜インデックス／クエリチューニング

リスト12.8 作成したインデックスの利用

```
SELECT
    salaries.emp_no, salaries.salary
FROM
    salaries USE INDEX(salary__emp_no__from_date__to_date),
    employees
WHERE
    salaries.from_date <= "2000-01-01"
AND salaries.to_date > "2000-01-01"
AND salaries.emp_no = employees.emp_no
AND employees.hire_date >= "1989-01-08"
ORDER BY
    salaries.salary DESC, salaries.emp_no ASC
LIMIT 10
```

いざ！

```
mysql> EXPLAIN SELECT
略
*************************** 1. row ***************************
           id: 1
  select_type: SIMPLE
        table: salaries
   partitions: NULL
         type: index
possible_keys: NULL
          key: salary__emp_no__from_date__to_date
      key_len: 14
          ref: NULL
         rows: 10
     filtered: 11.11
        Extra: Using where; Using index
```

（次ページに続く）

322

Part 2 現場で役立つMySQL実践テクニック 運用編

（前ページの続き）

```
*************************** 2. row ***************************
           id: 1
  select_type: SIMPLE
        table: employees
   partitions: NULL
         type: eq_ref
possible_keys: PRIMARY,hire_date
          key: PRIMARY
      key_len: 4
          ref: employees.salaries.emp_no
         rows: 1
     filtered: 50.00
        Extra: Using where
2 rows in set, 1 warning (0.00 sec)

mysql> SELECT
略

+--------+--------+
| emp_no | salary |
+--------+--------+
| 205000 | 149241 |
|  37558 | 141292 |
| 218237 | 139059 |
| 282030 | 138393 |
|  41822 | 137276 |
| 272431 | 137188 |
| 406747 | 136230 |
|  21587 | 135837 |
|  44188 | 135727 |
|  18997 | 135430 |
+--------+--------+
10 rows in set (0.00 sec)
```

（次ページに続く）

12
時間目 チューニングの基礎知識 ～インデックス／クエリチューニング

（前ページの続き）

```
mysql> SHOW PROFILE;
+--------------------------------+----------+
| Status                         | Duration |
+--------------------------------+----------+
| starting                       | 0.000252 |
| Executing hook on transaction  | 0.000016 |
| starting                       | 0.000024 |
| checking permissions           | 0.000015 |
| checking permissions           | 0.000014 |
| Opening tables                 | 0.000128 |
| init                           | 0.000024 |
| System lock                    | 0.000027 |
| optimizing                     | 0.000065 |
| statistics                     | 0.000254 |
| preparing                      | 0.000041 |
| Sorting result                 | 0.000024 |
| executing                      | 0.000008 |
| Sending data                   | 0.001741 |
| end                            | 0.000017 |
| query end                      | 0.000009 |
| waiting for handler commit     | 0.000022 |
| closing tables                 | 0.000020 |
| freeing items                  | 0.000041 |
| logging slow query             | 0.000072 |
| cleaning up                    | 0.000135 |
+--------------------------------+----------+
21 rows in set, 1 warning (0.00 sec)
```

　Using temporary、Using filesortがどちらもありません。Using indexのため、すべてインデックスで処理できています。
　スロークエリログも見てみます。

324

```
# Query_time: 0.002727  Lock_time: 0.000469 Rows_sent: 10  Rows_examined: 722
略
```

722行読み込むだけで済みました。何より1秒近くかかっていたクエリが0.01秒かからず完了するようになりました。

このようにクエリチューニングは絶大な効果があります。積極的に実施しましょう。

> **Note** スロークエリログを出力せずどのクエリからチューニングすべきか判断する
>
> pt-query-digest というプログラムを利用すると、スロークエリログではなくネットワーク通信をキャプチャした結果をもとに実行されたクエリを解析できます。
>
> MySQLの設定を変更することなく、通信を観測した結果をもとに解析できるため大変重宝します。
>
> また出力結果が見やすいので、MySQLに慣れてきたら mysqldumpslow の代わりに pt-query-digest を利用してもよいでしょう。
>
> pt-query-digest は Percona 社が開発／提供する Percona Toolkit に含まれます（詳しくは15時間目を参照）。

確認テスト

Q1 所要時間1秒以上のクエリをスロークエリログに出力するための設定は何でしょうか。

Q2 スロークエリログ /var/lib/mysql/db01-slow.log を MySQL 付属ツールで解析し総所要時間順に出力するコマンドラインはどうなるでしょうか。

Q3 列 birthday と列 hire_date の両方、または hire_date だけをよく利用するテーブル employees のインデックス idx1 を作る SQL はどうなるでしょうか。

13時間目 実践的なチューニング 〜スケールアウトとスケールアップ

13時間目では、実践的なチューニングとしてスケールアウトとスケールアップについて学習します。スケールアウトやスケールアップは追加のサーバ費用を伴うことが多く、判断の裏付けを強く求められることが少なくありません。根拠と自信を持って判断できるようになりましょう。

今回のゴール

- サーバステータスの観測方法と注意点を理解する
- サーバのボトルネック個所ごとの対処方法を理解する

》 13-1 サーバステータスの観測方法

サーバのその瞬間の負荷を秒単位で確認する方法を紹介します。使うのはdstatコマンドとiostatコマンドです。いずれもyumコマンドでインストールできます（iostatコマンドはsysstatパッケージに含まれます）。

```
[root@db01 ~]# yum install dstat sysstat
```

13-1-1 ● dstatコマンドの使い方／読み方

dstatコマンドの使い方は以下のとおりです。

書式

dstat オプション 表示間隔 表示回数

「表示間隔」は秒で指定します。まる1日分を1秒の解像度でデータ取得する場合は、「表示間隔」を1、「表示回数」を86400（1日は86400秒）に設定します。

dstatコマンドでよく使うオプションは**表13.1**のとおりです。

表13.1 dstatコマンドの主なオプション

オプション	説明
--time	日時を出力する
--all	CPU、Disk、Network、Paging、Systemの項目を出力する
--full	CPU、Disk、Networkなどを展開してデバイスごとに表示する
--output=ファイル	ファイルにCSV形式で記録する

なお出力の1行目はいままでサーバが起動してからのデータを元にした値です。そのため、そのときどきのデータを見るという観点では意味がないデータとなりますので、1行目は無視してください。

13-1-2●試してみよう（dstatコマンド）

1秒ごとに3回データを表示する実行例は以下のとおりです。

```
[root@db01 ~]# dstat --time --all --full --output stat.csv 1 3
----system---- -------cpu0-usage--------------cpu1-usage------ --dsk/sda--
-net/enp0s3--net/enp0s8 ---paging-- ---system--
     time    |usr sys idl wai hiq siq:usr sys idl wai hiq siq| read  writ|
recv  send: recv  send| in   out | int   csw
24-06 20:20:12| 0   0  99   0   0   0:  0   0  99   0   0   0| 171k  332k|
 0     0 :   0     0 | 274B 2839B| 378   408
24-06 20:20:13| 0   0 100   0   0   0:  0   0 100   0   0   0|   0     0 |
60B  378B:   0     0 |   0     0 | 331   352
24-06 20:20:14| 0   0 100   0   0   0:  0   0 100   0   0   0|   0     0 |
60B  146B:   0     0 |   0     0 | 368   352
24-06 20:20:15| 0   0 100   0   0   0:  0   0 100   0   0   0|   0     0 |
60B  106B:   0     0 |   0     0 | 333   350
```

この実行結果に表示されている各項目の意味は以下のとおりです。

cpuN-usage（N番目のCPUの利用率）はCPUごとの利用率です（**表13.2**）。それぞれの項目は最大100（%）で、CPUごとに合計が100（%）以下になります。

表13.2 cpuN-usage

項目	説明
usr	ユーザ領域（カーネル領域ではない）でのCPU利用率。mysqldの処理はここに含まれる
sys	カーネル領域でのCPU利用率。メモリ読み書きなどを含むOSとしての処理はここに含まれる。通常は usr の数分の1になることが多い
idl	アイドル状態のCPU利用率（CPUの空き率）
wai	I/O待ちでのCPU利用率。遅いディスクに大量の読み書きを行うと大きくなる
hiq	ハードウェア割り込み。通常大きな値にはならない
siq	ソフトウェア割り込み。通常大きな値にはならないが、ネットワーク利用が多い場合は大きくなる傾向がある

dsk/XXXは、Disk XXXの読み書きデータ量（バイト）を示します（**表13.3**）。

表13.3 dsk/XXX

項目	説明
read	ディスクからの読み込み
writ	ディスクへの書き出し

net/XXXは、ネットワークインターフェイスXXXの読み書きデータ量（バイト）を示します（**表13.4**）。

表13.4 net/XXX

項目	説明
read	ネットワークからの読み込み（受信）
writ	ネットワークへの書き出し（送信）

pagingは、スワップとのデータ移動量を示します（**表13.5**）。

現場で役立つMySQL実践テクニック Part 2 運用編

表13.5 paging

項目	説明
in	スワップからメモリへのデータ移動量。ほぼ発生しない状況が望ましい
out	メモリからスワップへのデータ移動量。inが発生していない場合はあまり気にしなくてよい

systemは、システムステータスを示します（**表13.6**）。

表13.6 system

項目	説明
int	インタラプト（割り込み）の数
csw	コンテキストスイッチの数

13-1-3●iostatコマンドの使い方／読み方

iostatコマンドの使い方は以下のとおりです。

書式

```
iostat オプション 表示間隔 表示回数
```

こちらも「表示間隔」は秒で指定します。iostatコマンドでよく使うオプションは**表13.7**のとおりです。

表13.7 iostatコマンドの主なオプション

オプション	説明
-t	日時を出力する
-x	拡張ステータスを表示する

なお出力の1回目は、いままでサーバが起動してからのデータを元にした値であり、そのときどきのデータを見るという観点ではないので、1回目は無視してください。

13
時間目 実践的なチューニング 〜スケールアウトとスケールアップ

13-1-4◉試してみよう（iostatコマンド）

iostatコマンドの実行例は以下のとおりです。

```
[root@db01 ~]# iostat -tx 1 3
Linux 3.10.0-957.el7.x86_64 (db01)       2019年06月24日 _x86_64_      (2 CPU)

2019年06月24日 20時20分38秒
avg-cpu:  %user   %nice %system %iowait  %steal   %idle
           0.47    0.00    0.20    0.07    0.00   99.25

Device:         rrqm/s   wrqm/s     r/s     w/s    rkB/s    wkB/s avgrq-sz
avgqu-sz   await r_await w_await  svctm  %util
sda              0.01     0.39    3.39   25.92   464.75   943.57    96.10
0.05    1.55    3.76    1.26   0.27   0.79
dm-0             0.00     0.00    3.38   19.96   464.29   942.14   120.53
0.05    1.98    3.78    1.67   0.33   0.78
dm-1             0.00     0.00    0.02    0.36     0.15     1.43     8.41
0.00    4.95    1.12    5.14   0.11   0.00

2019年06月24日 20時20分39秒
avg-cpu:  %user   %nice %system %iowait  %steal   %idle
           0.00    0.00    0.00    0.00    0.00  100.00

Device:         rrqm/s   wrqm/s     r/s     w/s    rkB/s    wkB/s avgrq-sz
avgqu-sz   await r_await w_await  svctm  %util
sda              0.00     0.00    2.00    0.00    24.00     0.00    24.00
0.00    1.00    1.00    0.00   1.00   0.20
dm-0             0.00     0.00    2.00    0.00    24.00     0.00    24.00
0.00    1.00    1.00    0.00   1.00   0.20
dm-1             0.00     0.00    0.00    0.00     0.00     0.00     0.00
0.00    0.00    0.00    0.00   0.00   0.00
```

（次ページに続く）

現場で役立つMySQL実践テクニック

（前ページの続き）

```
2019年06月24日 20時20分40秒

avg-cpu:  %user   %nice %system %iowait  %steal   %idle
           0.00    0.00    0.00    0.00    0.00  100.00


Device:          rrqm/s   wrqm/s     r/s     w/s    rkB/s    wkB/s avgrq-sz
avgqu-sz   await r_await w_await  svctm  %util
sda               0.00     0.00    0.00    0.00     0.00     0.00     0.00
0.00    0.00    0.00    0.00    0.00    0.00
dm-0              0.00     0.00    0.00    0.00     0.00     0.00     0.00
0.00    0.00    0.00    0.00    0.00    0.00
dm-1              0.00     0.00    0.00    0.00     0.00     0.00     0.00
0.00    0.00    0.00    0.00    0.00    0.00
```

実行結果の主な項目の意味は**表13.8**のとおりです。

表13.8 iostatコマンドの各項目の意味

項目	説明
r/s	1秒間のデバイスからの読み込みIOリクエスト数
w/s	1秒間のデバイスへの書き込みIOリクエスト数
rkB/s	1秒間のデバイスからの読み込みデータ量
wkB/s	1秒間のデバイスへの書き込みデータ量
%util	デバイスのビジー率。大きくなっている場合はディスクIOが性能に対して過剰になってきているということなので要改善

%utilをもとに改善要否を判断し、原因を探るために r/s、w/sなどを確認していきましょう。

13-2 OS／システム視点での
チューニングの方法論

　性能問題が発生した場合の対処の方法論として、スケールアップとスケールアウトがあります。また別解として、解決ではなく回避するというのも現実的には有効な局面が多々あります。

　これらの手法は、どれかだけを使うようなものではなく併用していくものです（**表13.9**）。

表13.9 性能問題が発生した場合の対処方法

方法	説明
スケールアップ	サーバの処理性能そのものを向上させる
スケールアウト	サーバの数を増やす
回避	根本解決ではなく問題が出ないよう手当てする

　サーバ性能でボトルネックになる典型的なポイントはCPU処理性能、ディスクI/O速度、ネットワーク帯域です。それぞれについて対処方法を紹介します。

13-2-1 ● CPU使用率がボトルネックの場合の対処方法

　dstatコマンドのCPU利用率のうち、usr（User）、sys（System）が高い場合の対処方法です。なおwait（I/O wait）が高い場合は、CPUではなくディスクI/O速度の対処が必要です。

◆ スケールアップ対応例

　クロック数が高いCPUに変更する、コア数の多いCPUに変更する、CPUの数を増やす、L1～L3キャッシュメモリの容量が大きいCPUに変更する、などを行います（**図13.1**）。ここはマネーイズパワーという感じです。

図13.1 CPU (Intel Xeon E5-2699 V4)

　最近では、動作周波数2.4〜3.4GHz、22コア44スレッド、キャッシュ55MBというCPUが複数台搭載できるサーバ機器もあります。

◆スケールアウト対応例

　同じ処理をするサーバの台数を増やします。参照クエリが負荷要因の場合はレプリケーションを活用し参照クエリを分散します（**図13.2**）。

図13.2 サーバの台数を増やして分散

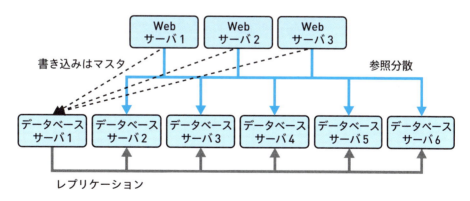

　なおサーバ数を増やすとどうしても障害点も管理手間も増えますので、スケールアップと併用するのが基本です。少なくとも1サーバあたり16コアくらいまではスケールアップすることが多いと思います。

◆ 回避対応例

クエリをチューニングし、ORDER BY や GROUP BY での並べ替え処理や一時テーブルの作成／一時テーブルでの並べ替え処理を減らすことで CPU 利用が減ります。

13-2-2 ● ディスク I/O 速度がボトルネックの場合の対処方法

dstat コマンドの CPU 利用率のうち wait（I/O wait）が高い場合や、iostat コマンドの %util が高い場合の対処方法です。

dstat コマンドの paging が多発している場合も、ディスク I/O 速度がボトルネックになっていますが、この場合はディスク I/O 速度ボトルネックが発生した原因としてメモリ容量が足りていない可能性もあります。

◆ スケールアップ対応例

InnoDB バッファプールを大きくし、ディスクへのアクセス機会を減らすのが常套手段です。サーバのメモリ容量が足りないようであれば、サーバのメモリを増やして InnoDB バッファプールを増やせると高い効果が見込めます。paging が発生しディスク I/O 速度がボトルネックになっている場合もメモリ容量追加が効果的です。

ディスクそのもののアプローチとしては、ディスクの I/O 速度が速いものに取り替える方法があります。SATA HDD（図 13.3）→ SAS HDD（図 13.4）→ SATA/SAS 接続の SSD（図 13.5）→ PCIe 接続の SSD（図 13.6）とランクアップできます。

クラウドサービスを利用している場合はディスクやサーバのプランをアップしたり、最近よくある容量に応じて I/O 速度が決まるタイプの場合はディスク容量を大きくしたりすることで I/O 速度が向上します。

図 13.3 SATA HDD（バッファロー HD-IDS）　　図 13.4 SAS HDD（東芝 MG07SCA）

図13.5 SSD
（サンディスク ウルトラ 3D SSD）

図13.6 NVMe SSD
（Fusion ioMemory PX600）

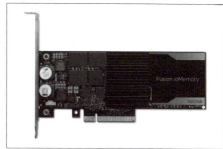

　もしRAIDを利用可能な場合は、RAID 10を利用し構成するディスクの台数を増やすことでI/O速度が向上する可能性があります。RAIDの速度の肝はRAIDカードなので、RAIDカードを高性能なもの（キャッシュメモリが多いもの）に取り替えることが効果的です（**図13.7**）。

図13.7 RAIDカード（Dell PERC H740P）

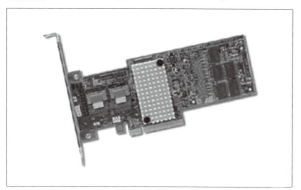

　交換できないがディスク追加は可能な場合、ディスクを増設した上で、OSなどのシステム、InnoDBログファイル、データファイルをそれぞれ別ディスクに格納することで全体的なI/O速度向上の効果が見込めます。

　ただしクラウドサービスによってはディスク単位ではなく。サーバ単位でディスクI/O速度制限している場合があるため注意してください。

◆スケールアウト対応例

　スケールアウトで対応するにはサーバ台数を増やすだけでは不十分で、それぞれの

13時間目 実践的なチューニング 〜スケールアウトとスケールアップ

サーバが扱うデータを少なくする必要があります。

典型的な手法はシャーディングと呼ばれる、巨大なテーブルをあるルールのもとで分散していく手法です。シャード（shard）は欠片という意味です。

ticket_idという主キーを持つticketという巨大なテーブルがあったとして、データベースサーバ1はticket_idが奇数のユーザのデータのみを格納、データベースサーバ2はticket_idが偶数のユーザのデータのみを格納、などのように分散するよう実装します（図13-8）。

図13.8 IDを2で割った剰余で分割する例

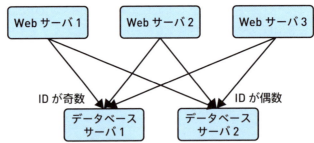

あるいはデータベースサーバ1はticket_idが1〜100000のユーザのデータのみを格納、データベースサーバ2はticket_idが100001〜200000のユーザのデータのみを格納、というように実装します（図13.9）。

図13.9 IDの番号順で分割する例

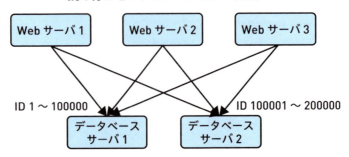

Part 2
現場で役立つMySQL実践テクニック 運用編

分割の方法はいろいろ考えられますが、ともあれルールに従って分散するというのが肝です。

これはMySQLではできないので、アプリケーション側で工夫する必要があります。当然相互のデータを関連付けることはできないため、RDBMSとしてのメリットは薄れてしまいますが、法則がわかりやすいのでよく採用される手法です。

なおサーバ数を増やすとどうしても障害点も管理手間も増えますので、スケールアップと併用するのが基本です。最近ではPCIe接続のSSDまではスケールアップすることが多いと思います。シャーディングのように、テーブルの定義は同じものを使い、中身のデータを分散させることを水平分割（Horizonal Partitioning）と呼びます。

その他の負荷分散手法としては、特定テーブルを切り出しそのテーブル専用のデータベースサーバを作る方法もあります。処理履歴などのログ系データをデータベースに保存している場合に実施することが多いです。この場合リレーションは利用できなくなりますが、負荷の局所化が実現できます。

◆回避対応例

InnoDBにはテーブルごとにデータを圧縮する機能があります（**図13.10**）。圧縮機能を利用すると、ディスクに読み書きするタイミングではデータは圧縮された状態になるため、ディスクI/Oに少し余裕ができる可能性があります。

圧縮／展開は透過的に実施されますので、ユーザは有効にした後は特に気にすることはありません。

書式

```
ALTER TABLE テーブル名 ROW_FORMAT=COMPRESSED;
```

圧縮／展開処理にCPUを利用するようになるため、CPUが空いている場合は検討するとよいでしょう。また、いざディスクをたくさん読み書きする場合は圧縮／展開を行う分処理時間がかかる点は覚悟が必要です。

13時間目 実践的なチューニング ～スケールアウトとスケールアップ

図13.10 データの圧縮／展開

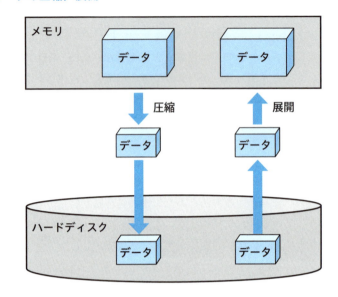

13-2-3 ● ネットワーク帯域がボトルネックの場合の対処方法

dstatコマンドのうちnet/XXXのreadまたはwritが律速している場合の対処方法です。

◆スケールアップ対応例

ネットワークの速度は、物理サーバであれば最近だと10Gbps対応のNICカードや機器はたくさん出回っています（**図13.11**）。10Gbps程度までは簡単に増速可能です。ネットワーク機器も忘れずに10Gbps対応にしましょう（**図13.12**）。

図13.11 10Gbps対応NICカード（Intel X540-T2）

図13.12 10Gbps対応スイッチ（ジュニパーネットワークス EX4300）

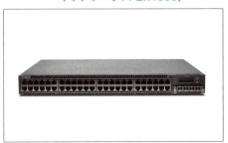

ネットワークインターフェイスを複数束ねて負荷分散する機能／技術は一般的に利用可能です。このような機能はLinuxであればbonding、Windowsであればteaming、その他ネットワーク機器などではLink Aggregation（LAG）と呼ばれています。

クラウドサービスの場合は、サーバ／サービスのプランによって利用可能なネットワーク帯域が変わることが多いため、ネットワーク帯域目的でサーバをプランアップするとよいでしょう。

◆ スケールアウト対応例

同じ処理を行うサーバの台数を増やします。参照クエリが負荷要因の場合は、レプリケーションを活用し参照クエリを分散することで、1台あたりの所要ネットワーク帯域を減らせます。

◆ 回避対応例

MySQLでは通信を圧縮することができます。例えばmysqlコマンドの場合は--compressオプションをつけることで圧縮通信モードになります。

圧縮／展開は透過的に実施されますので、ユーザは機能を有効にする以外に特に気にすることはありません。

```
[root@db01 ~]# mysql -u root -p --compress
Enter password:
Welcome to the MySQL monitor.  Commands end with ; or \g.
略
```

》 13-3 定番の性能測定方法（TPC-C）

性能測定（ベンチマーク）は前提条件が揃って初めて意味を持ちます。前提条件が揃っていない性能測定結果は何の参考にもならないです。データベースで定番のベンチマークはTPC（Transaction Processing Performance Council）によるTPC-Cです。

TPCは非営利の業界団体で、客観的で検証可能なデータベースのベンチマークを定義し広めるための団体です。TPC-Cの他にTPC-BB、TPC-DSなどいくつかのベンチマークを定義／公開しています（**図13.13**）。

13時間目 実践的なチューニング ～スケールアウトとスケールアップ

図13.13 TPC

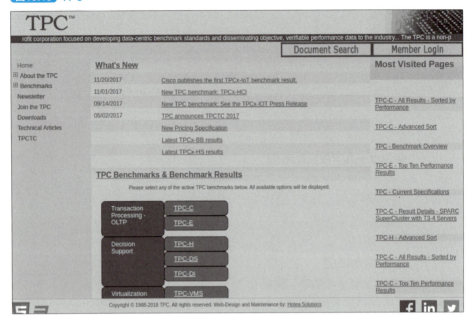

- TPC-Homepage V5
  http://www.tpc.org/

　TPC-CはOLTP（On-Line Transaction Processing）のベンチマークで、複数のトランザクションが同時に発生する状況を想定したものです。オンラインの在庫管理システムをイメージした、商品／在庫／倉庫／顧客／注文などのテーブルがあるシステムです。

　ベンチマークというと現実離れした利用方法での測定値が大々的にPRされることがありますが、TPC-Cはまあまあ現実的であり、また他の人が検証できるため、少なくともベンダーが自己測定した値よりは信頼することができます。

　TPC-CのMySQL向けの実装は、Perconaが簡易実装のtpcc-mysqlを公開しています。tpcc-mysqlでは分間トランザクション（tpmC）を測定します。

https://github.com/Percona-Lab/tpcc-mysql

　なおTPC-Cの後継のTCP-Eもありますが、複雑過ぎるためかあまり利用されているのを見かけません。こちらもPerconaがtpce-mysqlを公開しています。

https://github.com/Percona-Lab/tpce-mysql

Part 2
現場で役立つMySQL実践テクニック **運用編**

13-3-1●試してみよう

ここでは、TPC-Cの実施方法について解説します。

① tpcc-mysqlのコンパイルに必要なツールのインストール
② データベースの初期設定
③ 初期データの投入
④ ベンチマークの実施

◆**tpcc-mysqlのコンパイルに必要なツールのインストール**

tpcc-mysqlはコンパイルしてから利用します。プログラム取得のためにgitが、コンパイルのためにはgccとmysql-community-develが必要です。git、gccはyumコマンドでインストールしましょう。

```
[root@db01 ~]# yum install git gcc
```

mysql-community-develは1時間目のtarに含まれていますので、そこからyumコマンドでインストールを行いましょう。

```
[root@db01 ~]# yum install mysql-community-devel-*.el7.x86_64.rpm
```

◆**データベース初期設定**

tpcc-mysql用のデータベース／ユーザを作成し、権限を付与しておきます（**リスト13.1**）。

リスト13.1 データベース／ユーザ作成と権限付与

```
CREATE DATABASE tpcc;
CREATE USER 'tpcc-user'@'%' IDENTIFIED WITH mysql_native_password BY 'tpcc-
USER123';
GRANT ALL ON tpcc.* TO 'tpcc-user'@'%';
FLUSH PRIVILEGES;
```

13 時間目	**実践的なチューニング ～スケールアウトとスケールアップ**

プログラムをダウンロードし、ビルド（make）します。そしてデータベースをセットアップします（インターネットに接続できないなどの理由でgitコマンドにてファイルが取得できない場合は、付属DVD-ROMのtpcc-mysql-master.zipを利用してください）。

```
[root@db01 ~]# cd /root
[root@db01 ~]# git clone https://github.com/Percona-Lab/tpcc-mysql.git
[root@db01 ~]# cd tpcc-mysql/src
[root@db01 ~]# make
[root@db01 ~]# cd /root/tpcc-mysql
[root@db01 ~]# mysql -u tpcc-user -p tpcc <create_table.sql
[root@db01 ~]# mysql -u tpcc-user -p tpcc <add_fkey_idx.sql
```

これで下準備は完了です。

◆ 初期データ投入

コンパイルして生成されるtpcc_loadコマンドを使って初期データを投入します。初期データ投入時に**表13.10**のオプションを指定します。

表13.10 tpcc_loadの主なオプション

オプション	説明
-h	データ投入先のデータベースサーバ接続先ホスト（127.0.0.1など）
-P	データ投入先のデータベースサーバ接続先ポート（3306など）
-d	データ投入先のデータベースサーバデータベース名（tpccなど）
-u	データ投入用のMySQLユーザ（tpcc-userなど）
-p	データ投入用のMySQLパスワード
-w	倉庫数

倉庫数によってデータ量が決まります。倉庫数1あたりデータベースの容量が100～120MBくらいになります。

データベースの用途によりますが、まずは倉庫数100～1000くらいで検証することが多いと思います。初期データの投入は数分どころではなく数時間かかることもあります。

Part 2
運用編

現場で役立つMySQL実践テクニック

```
[root@db01 ~]# cd /root/tpcc-mysql
[root@db01 ~]# ./tpcc_load -h 127.0.0.1 -d tpcc -u tpcc-user -p "tpcc-USER123" -w 100
```

◆ベンチマーク実施

すべての準備ができたのでtpcc_startコマンドでベンチマークを実行します。**表13.11**のオプションを指定します。

表13.11 tpcc_startの主なオプション

オプション	説明
-h	ベンチマーク対象のデータベースサーバ接続先ホスト (127.0.0.1 など)
-P	ベンチマーク対象のデータベースサーバ接続先ポート (3306 など)
-d	ベンチマーク対象のデータベースサーバのデータベース名 (tpcc など)
-u	ベンチマーク対象のMySQLユーザ (tpcc-user など)
-p	ベンチマーク対象のMySQLパスワード
-w	倉庫数
-c	同時接続数
-r	ウォームアップ時間 (秒)
-l	測定時間 (秒)

倉庫数は初期データ投入時に指定した数と同じ値を指定します。同時接続数は同時に負荷を与える接続数です。通常のシステムだと接続しているけど処理していない(Sleep)の接続がありますので、通常のシステムの同時接続数の感覚で設定するとかなりシビアな条件になります。

ウォームアップ時間を指定すると、ベンチマークの最初の一定期間のデータは破棄します。この間にデータがメモリにロードされ、メモリが暖まった状態になることを期待します。

データ量やディスクI/O速度により指定すべき値が変わりますが、倉庫数が大きい場合は5〜10分指定することもあります。

測定時間は実際の測定時間です。長期間負荷を与えるとさまざまな要因で性能が変動することがあるため、それなりに長時間実行して様子を見るのが定石です。

カジュアルにやる場合は300〜600(5〜10分)にすることもありますが、本格的なベンチマークでは3600〜7200(1〜2時間)見ることもよくあります。

13 時間目　実践的なチューニング ～スケールアウトとスケールアップ

```
[root@db01 ~]# cd /root/tpcc-mysql
[root@db01 ~]# ./tpcc_start -h 127.0.0.1 -d tpcc -u tpcc-user -p "tpcc-
USER123" -w 5 -c 64 -r 10 -l 180
```

　倉庫数5、同時接続数64、ウォームアップ時間10秒、測定時間180秒での実行例は以下のとおりです。

```
[root@db01 tpcc-mysql-master]# ./tpcc_start -h 127.0.0.1 -d tpcc -u
tpcc-user -p "tpcc-USER123" -w 5 -c 64 -r 10 -l 180
***************************************
*** ###easy### TPC-C Load Generator ***
***************************************
option h with value '127.0.0.1'
option d with value 'tpcc'
option u with value 'tpcc-user'
option p with value 'tpcc-USER123'
option w with value '5'
option c with value '64'
option r with value '10'
option l with value '180'
<Parameters>
     [server]: 127.0.0.1
     [port]: 3306
     [DBname]: tpcc
       [user]: tpcc-user
       [pass]: tpcc-USER123
  [warehouse]: 5
 [connection]: 64
     [rampup]: 10 (sec.)
    [measure]: 180 (sec.)
```

（次ページに続く）

344

（前ページの続き）

```
RAMP-UP TIME.(10 sec.)

MEASURING START.

  10, trx: 1221, 95%: 506.917, 99%: 896.849, max_rt: 1466.984, 121913003.100,
1221276.457, 12211182.047, 11811936.489
  20, trx: 1281, 95%: 332.380, 99%: 390.109, max_rt: 524.294, 130211024.905,
1291117.446, 1281629.955, 1301824.175
  30, trx: 1315, 95%: 340.640, 99%: 432.809, max_rt: 596.506, 128411012.308,
1301143.409, 1341724.587, 1321993.492
  40, trx: 1301, 95%: 314.851, 99%: 398.847, max_rt: 491.154, 13011916.116,
1311166.415, 1291731.409, 13211033.794
  50, trx: 1311, 95%: 315.889, 99%: 416.290, max_rt: 620.636, 132111194.495,
131187.054, 1311643.582, 1281918.413
  60, trx: 1295, 95%: 307.125, 99%: 353.098, max_rt: 432.475, 130811154.399,
130193.833, 1271662.794, 1261974.314
  70, trx: 1238, 95%: 349.209, 99%: 404.014, max_rt: 519.295, 121211059.133,
122195.459, 1251664.866, 1281984.218
  80, trx: 1241, 95%: 343.713, 99%: 457.316, max_rt: 721.489, 126211154.124,
1261202.202, 1251745.873, 1221916.189
  90, trx: 1272, 95%: 346.605, 99%: 424.088, max_rt: 614.118, 12711900.466,
1261137.267, 1261705.019, 1271886.775
 100, trx: 1285, 95%: 316.268, 99%: 393.039, max_rt: 564.419, 127211277.627,
1291110.494, 1291738.167, 1311982.969
 110, trx: 1246, 95%: 344.330, 99%: 426.379, max_rt: 563.453, 12461760.327,
1251189.466, 1261647.707, 1241877.061
 120, trx: 1236, 95%: 351.727, 99%: 456.496, max_rt: 600.618, 12511940.174,
1231160.779, 1231760.802, 12211090.571
 130, trx: 1240, 95%: 346.087, 99%: 420.045, max_rt: 748.242, 123811218.504,
1241151.751, 1231644.140, 1261904.708
```

（次ページに続く）

13 時間目 実践的なチューニング ～スケールアウトとスケールアップ

（前ページの続き）

```
 140, trx: 1215, 95%: 348.374, 99%: 496.555, max_rt: 645.646, 121011029.173,
121I120.771, 120I747.681, 120I963.907
 150, trx: 1201, 95%: 370.089, 99%: 464.212, max_rt: 671.512, 121011072.930,
122I152.122, 121I765.592, 125I987.929
 160, trx: 1241, 95%: 351.832, 99%: 449.176, max_rt: 575.867, 124711081.732,
124I250.410, 124I713.209, 120I1034.420
 170, trx: 1205, 95%: 351.832, 99%: 433.198, max_rt: 590.214, 118311914.122,
120I200.441, 124I761.664, 122I926.102
 180, trx: 1207, 95%: 354.475, 99%: 459.099, max_rt: 526.817, 122511137.048,
120I128.766, 117I659.958, 118I932.779


STOPPING THREA
DS.....................................................


<Raw Results>
  [0] sc:23 lt:22528  rt:0  fl:0 avg_rt: 183.5 (5)
  [1] sc:470 lt:22092  rt:0  fl:0 avg_rt: 251.3 (5)
  [2] sc:997 lt:1258  rt:0  fl:0 avg_rt: 19.2 (5)
  [3] sc:12 lt:2242  rt:0  fl:0 avg_rt: 411.7 (80)
  [4] sc:0 lt:2251  rt:0  fl:0 avg_rt: 603.0 (20)
  in 180 sec.


<Raw Results2(sum ver.)>
  [0] sc:23  lt:22528  rt:0  fl:0
  [1] sc:470  lt:22101  rt:0  fl:0
  [2] sc:997  lt:1258  rt:0  fl:0
  [3] sc:12  lt:2242  rt:0  fl:0
  [4] sc:0  lt:2251  rt:0  fl:0


<Constraint Check> (all must be [OK])
  [transaction percentage]
```

（次ページに続く）

Part 2
現場で役立つMySQL実践テクニック　運用編

（前ページの続き）

```
        Payment: 43.49% (>=43.0%) [OK]
   Order-Status: 4.35% (>= 4.0%) [OK]
       Delivery: 4.35% (>= 4.0%) [OK]
    Stock-Level: 4.34% (>= 4.0%) [OK]
  [response time (at least 90% passed)]
      New-Order: 0.10%  [NG] *
        Payment: 2.08%  [NG] *
   Order-Status: 44.21% [NG] *
       Delivery: 0.53%  [NG] *
    Stock-Level: 0.00%  [NG] *


  <TpmC>
                 7517.000 TpmC
```

　ウォームアップ（RAMP-UP）が終わると測定開始です。測定時間中は10秒おきに状況が表示されます。測定終了後にまとめと評価が表示されます。

　TPC-Cとしてトランザクションの比率やレスポンスタイムが定義されており、それぞれを満たしているかを判定してくれます。NGがある場合は何らかの理由でベンチマーク失敗だと判断します。今回の例だと性能要件が全く満たせていません。

　最後のTpmCが性能値のスコアです。繰り返しになりますが、ベンチマーク失敗の場合は値自体の意味がないので数値は意味を持ちません。またtpcc-mysqlはTPC-Cの簡易実装であり、TPC-Cの公式スコアにはならないのでご注意ください。

確認テスト

Q1 スケールアウトとスケールアップのうちサーバの数を増やす手法はどちらでしょうか。

Q2 スケールアウトとスケールアップのうちサーバの性能を向上させる手法はどちらでしょうか。

Q3 サーバ性能でボトルネックになる定番ポイントを3つ挙げてください。

14時間目 ログ管理とトラブルシューティング

14時間目では、ログ管理とトラブルシューティングについて学習します。MySQLに限らずシステムを運用する上でログ管理はとても重要です。データベース管理者はログ管理を適切に実施できるようになる必要があります。ログ管理をきちんと実現することで、トラブルシューティングの難易度が格段に下がり、データベースシステムを安定運用できるようになります。

今回のゴール

- 一般的なログ運用管理のポイントを理解する
- MySQLの各種ログファイルの目的／内容／管理方法を理解する
- データベースサーバ／MySQLの監視とトラブルシューティングについて理解する

≫ 14-1 MySQLのログ

　MySQLが出力する主なログには**表14.1**のものがあります。この中でWAL（Write Ahead Log）は、システム管理者が直接操作するものではなく、MySQLに任せるものですので、本項ではWAL以外のログについて紹介します。

Part 2 運用編

現場で役立つMySQL実践テクニック

表14.1 MySQLが出力する主なログ

種類	説明	備考
WAL（Write Ahead Log）	データファイルに書き出す前のログ。Redoログとも呼ばれる	ib_logfileNのこと。本項の話題の対象外
エラーログ	MySQLが動作する上でのerror warning noteを記録するログ	mysqld.logのこと
バイナリログ	変更を記録するログ	ホスト名-bin.*のこと
リレーログ	レプリケーション機能により受け取った、反映すべき変更を記録するログ	ホスト名-relay.*のこと
スロークエリログ	実行所要時間が閾値より大きかったクエリを記録するログ。インデックスを利用していないログを記録することもできる	ホスト名-slow.logのこと
一般クエリログ	実行されたクエリを記録するログ。スロークエリログに記録されない操作（USE ……,SHOW ……,quit）なども記録される	ホスト名.logのこと

なおDBAが言うログはWALを指すことが多いのですが、システム管理者が言うログはエラーログを指すことが多いので文脈に注意してください。

》 14-2 一般的なログ運用管理のポイント

まずは一般的なログ運用管理のポイントを紹介します。

14-2-1◉ローテートする

ログはたいていファイルに出力します。適切なサイズや期間で区切りファイルを分割することで、管理しやすく確認しやすくなります。

ログ出力機構自身にローテートの機能を持つこともありますが、Linuxであればlogrotateコマンドで日次や週次のログローテーションを実施することも多々あります。

14-2-2◉適切な期間保持する

ログを出力する主な目的はサーバの状況を確認するためです。よって確認する可能性がある期間のログを保持しておく必要があります。また法令や内規により保持期間

14 時間目　ログ管理とトラブルシューティング

が規定されている場合もありますので、システムの要件に従い実装する必要があります。

　安全かつ確実にログを保存するには、サーバ外に保管するのが適切な方法です。最近は保存先としてAmazon S3などのオブジェクトストレージを採用することが多いです。

14-2-3●確実に削除する

　規定の保持期間が経過したらログを確実に削除しなければなりません。削除処理は定期的に何度も実施するものですので、手作業ではなくプログラム化して自動実行を導入しましょう。

　logrotateコマンドでローテートと削除を実施できます。クラウドサービスのオブジェクトストレージであればライフサイクルを制御する機能が備わっていることが多いので活用しましょう。

14-2-4●適宜圧縮して容量増加を抑止する

　ログは容量が大きくなりがちです。一方でログの閲覧が1分1秒を争うスピード感を要求されることはあまりありません。ログが大きくなりディスク使用量が圧迫するのを防ぐために、ローテートと併せて適宜圧縮しましょう。

　logrotateコマンドは、ローテートと同時に圧縮も実施できます。

14-2-5●ログ確認環境を整備する

　特に最近のシステムは大規模になったことにより、同じ役割のサーバを複数用意するケースが増えました。人間がログを確認する際、サーバ1台ずつのログを確認するのは非常に手間がかかり非効率です。そのような場合は、ログを集約して効率的に確認を行うのが常套手段です。

　MySQLであればエラーログやスロークエリログが集約対象となります。本書では扱いませんがfluentdやfilebeatなどを使い集約し、ElasticSearchとKibanaで分析／閲覧することがよくあります。

350

14-3 エラーログの管理

各ログのチェックポイントは以下のとおりです。

- 出力設定
- ファイルパス指定
- ローテート
- 保持期間
- 削除
- 圧縮

エラーログはlog-errorで出力先を指定します。未指定の場合はstderr（標準エラー出力）となりますが、デフォルトの/etc/my.cnfに/var/log/mysqld.logと指定があります（**リスト14.1**）。このログのファイルパスはOSの慣例に従ったものです。

リスト14.1 ログのファイルパス指定例

```
log-error=/var/log/mysqld.log
```

また、log_error_verbosityで出力するログの内容を変更できます（**表14.2**）。

表14.2 log_error_verbosityで出力するログ

出力されるログ	log_error_verbosityの値
ERROR	1
ERROR、WARNING	2
ERROR、WARNING、INFORMATION	3

参考： MySQL :: MySQL 8.0 Reference Manual :: 5.1.8 Server System Variables
https://dev.mysql.com/doc/refman/8.0/en/server-system-variables.html#sysvar_log_error_verbosity

エラーログファイルのローテートはlogrotateコマンドで行います。logrotateコマンドがファイルのローテーション、圧縮、削除が実施可能で、cronによって毎朝実行されます。

ファイルをローテーションした後に新しいファイルに切り替えるために「FLUSH LOGS」を実行する場合もlogrotateコマンドから実行します。

14
時間目 | ログ管理とトラブルシューティング

設定ファイルは/etc/logrotate.d/mysqlです。インストール直後の状態だと必要な個所がコメントアウトされています（**リスト14.2**）。

リスト14.2 /etc/logrotate.d/mysqlの内容

```
# The log file name and location can be set in
# /etc/my.cnf by setting the "log-error" option
# in [mysqld]  section as follows:
#
# [mysqld]
# log-error=/var/log/mysqld.log
#
# For the mysqladmin commands below to work, root account
# password is required. Use mysql_config_editor(1) to store
# authentication credentials in the encrypted login path file
# ~/.mylogin.cnf
#
# Example usage:
#
#  mysql_config_editor set --login-path=client --user=root --host=localhost ↗
--password
#
# When these actions has been done, un-comment the following to
# enable rotation of mysqld's log error.
#

#/var/log/mysqld.log {
#       create 640 mysql mysql
#       notifempty
#       daily
#       rotate 5
#       missingok
#       compress
```

（次ページに続く）

352

Part 2 現場で役立つMySQL実践テクニック **運用編**

（前ページの続き）

```
#     postrotate
#         # just if mysqld is really running
#         if test -x /usr/bin/mysqladmin && \
#             /usr/bin/mysqladmin ping &>/dev/null
#         then
#             /usr/bin/mysqladmin flush-logs
#         fi
#     endscript
#}
```

コメントにもありますが、MySQLで「FLUSH LOGS」を実行するためにmysql_config_editorコマンドで/root/.mylogin.cnfにパスワードを保存しておきます。

logrotateコマンドはOSのrootユーザで実行されますので、MySQLのrootユーザのパスワードをOSのrootユーザの~/.mylogin.cnf（＝/root/.mylogin.cnf）に保存しておきましょう。

/usr/bin/mysqladmin pingで認証エラーが表示されなくなれば成功です。

```
[root@db01 ~]# mysql_config_editor set --login-path=client --user=root
--host=localhost --password
[root@db01 ~]# /usr/bin/mysqladmin ping
```

パスワード設定ができたら、/etc/logrotate.d/mysqlを編集します。具体的には/var/log/mysqld.logの{から}までの行頭の#を削除してコメントアウトを解除します（**リスト14.3**）。コメントアウトした内容を記載していますので確認してください。

14
時間目 ログ管理とトラブルシューティング

> **リスト14.3** /etc/logrotate.d/mysqlのコメントアウト

```
# ...
#


/var/log/mysqld.log {     ←  /var/log/mysqld.log を対象とする
        create 640 mysql mysql

         ↑  ファイルを作成する。パーミッション640、オーナー mysql、グループmysql
        notifempty   ←  容量が0の場合はローテートしない
        daily    ←  日時
        rotate 5   ←  5世代
        missingok   ←  ファイルがなくてもエラーにしない
        compress   ←  圧縮する
     postrotate   ←  ローテート後にpostrotate〜endscriptを実行する
        # just if mysqld is really running
        if test -x /usr/bin/mysqladmin && \

         ↑  /usr/bin/mysqladminファイルが存在して実行可能である。かつ
        /usr/bin/mysqladmin ping &>/dev/null

          ↑  /usr/bin/mysqladmin pingが成功する（＝mysqldが起動していてログインできる）
        then   ←  上記2条件を両方満たす場合
        /usr/bin/mysqladmin flush-logs   ←  FLUSH LOGSする
        fi
     endscript
}
```

>> 14-4 バイナリログ

　前述のとおりバイナリログはlog_binで出力設定します。ちなみにlog_bin=abcなどと値を設定すると、出力ファイル名が「ホスト名-bin.NNNNNN」の「ホスト名」のところが指定した値（この例だとabc）になります。

　バイナリログのローテートはmysqldが行います。ローテーションの基準はファイルサイズで、1GBを越えたらローテートします。このサイズはmax_binlog_sizeで変更できます。手動でローテートしたい場合は「FLUSH LOGS」を実行します。

8時間目で学習したとおり、バイナリログ保持期間はexpire_logs_daysとbinlog_expire_logs_secondsで設定できます。保持期間を過ぎるとバイナリログはmysqldにより削除されます。削除されるタイミングはログをローテートするときです。

つまり成り行きに任せる場合はタイミングが不定で、最新のバイナリログファイルサイズが1GBを越えたタイミングで削除されます。タイミングを調節したい場合は「FLUSH LOGS」するか手動削除（「PURGE BINARY LOGS」）します。

長期間持つような内容でもないため、圧縮保持することはほとんどありません。

14-5 リレーログ

リレーログは自動的に出力されますが、出力ファイルパスやファイル名はrelay_logで指定できます。

リレーログのローテートはmysqldが行います。ローテーションの基準はファイルサイズで、1GBを越えたらローテートします。

このサイズはmax_relay_log_sizeで変更できます。max_relay_log_sizeのデフォルト値は0ですが、0の場合はmax_binlog_sizeと同じ値になります。手動でローテートしたい場合は「FLUSH LOGS」を実行します。

保持期間は定まっておらず、ファイル内のイベントがすべて反映完了して不要になったら削除されます。リレーログは一時的なデータ置き場としてディスクを利用するだけなので、圧縮保持することはありません。

14-6 スロークエリログ

前述のとおりスロークエリログはslow_query_logで出力設定します。スロークエリログと一般クエリログは、log_outputでFILEからTABLEに変更することができます。slow_query_log_fileでファイルパスやファイル名を変更できます。

ローテート／圧縮／削除はlogrotateコマンドで行います。**リスト14.4**のようにlogrotateコマンドの設定ファイル/etc/logrotate.d/mysqlに複数のファイルを対象とする設定をすればよいでしょう。変更点は/var/lib/mysql/*-slow.logの行と、sharedscriptsの行を追加しました。

14
時間目 ログ管理とトラブルシューティング

リスト14.4 /etc/logrotate.d/mysqlの変更（その1）

```
# ...
/var/lib/mysql/*-slow.log
/var/log/mysqld.log {
        create 640 mysql mysql
        notifempty
        daily
        rotate 5
        missingok
        compress
        sharedscripts
    postrotate
      # just if mysqld is really running
      if test -x /usr/bin/mysqladmin && \
         /usr/bin/mysqladmin ping &>/dev/null
      then
         /usr/bin/mysqladmin flush-logs
      fi
    endscript
}
```

》 14-7 一般クエリログ

　log_outputで、出力先をTABLEとFILEから選択できます。一般クエリログは
general_logで出力設定します。

　スロークエリログと一般クエリログは、log_outputでFILEからTABLEに変更す
ることができます。general_log_fileでファイルパスやファイル名を変更できます。
ローテート／圧縮／削除はlogrotateコマンドで行います。

　一般クエリログのデフォルトファイル名はホスト名.logとマッチさせにくいため、
「general_log_file=/var/lib/mysql/general.log」などと指定しておくとよいです。

　その上で**リスト14.5**のようにlogrotateコマンドの設定ファイル/etc/logrotate.d/
mysqlに複数のファイルを対象とする設定をすればよいでしょう。

変更点は/var/lib/mysql/general.logの行を足しただけです。

リスト14.5 /etc/logrotate.d/mysqlの変更（その2）

```
# ...
/var/lib/mysql/general.log
/var/lib/mysql/*-slow.log
/var/log/mysqld.log {
        create 640 mysql mysql
        notifempty
        daily
        rotate 5
        missingok
        compress
        sharedscripts
    postrotate
      # just if mysqld is really running
      if test -x /usr/bin/mysqladmin && \
         /usr/bin/mysqladmin ping &>/dev/null
      then
         /usr/bin/mysqladmin flush-logs
      fi
    endscript
}
```

>> 14-8 OSのログ

OSのログはsyslogやjournaldを経由して/var/log/messagesに出力されます。
/var/log/messagesにはサーバ全体の情報が集約されます。特にkernelと記載された行はOSからのメッセージですので、何らか出力されている場合はきちんと確認するようにしましょう。ローテート／削除／圧縮はlogrotateコマンドで実施します。

14時間目 ログ管理とトラブルシューティング

14-9 システムの監視とは

　システム運用フェーズではシステムの監視が必要です。システムの監視とは、システムが正常な状態を維持していることを確認する継続的な繰り返しテストです。監視実行と判断はプログラム化し、1〜3分間隔で正常性を確認することがほとんどです。

　システムの監視で利用する主なツールは以下のとおりです。

- OSS
  - Nagios (https://www.nagios.org/)
  - Zabbix (https://www.zabbix.com/jp/)
  - Prometheus (https://prometheus.io/)
- SaaS
  - Mackerel (https://mackerel.io/ja/)
  - Datadog (https://www.datadoghq.com/)

　ツールを使うだけで監視ができるという簡単な話ではありません。以下の点をセットで繰り返し実施する必要があります。

① 正常な状態（監視項目と正常な結果）を定義する
② 監視項目ごとに正常な状態でなくなった場合の対処を定義する
③ 正常な状態であることを継続的に確認する
④ 正常な状態でないことを検知したら、適切な通知と、正常な状態への復旧対応を行う

　異常検知時の対処が不明確な監視項目は監視／検知してはいけませんし、復旧対応を行わない通知は発生してはいけません。異常検知／通知は必要十分である必要があります。

14-10 サーバの監視とトラブルシューティング

　ここでは、主なサーバの監視項目は紹介します。

14-10-1 ●ディスク使用率

　ディスクの使用率を監視し、ディスクの空き容量が減ってきたことを検知します。パーティションごとに監視します。

現場で役立つMySQL実践テクニック **Part 2** 運用編

ディスク使用率が増えた場合は、ファイルの圧縮／削除などが暫定対処として実施できます。対処方法のバリエーションは利用しているサーバの種類／クラウド基盤ごとに異なりますが、ディスク容量追加／ディスク追加などが必要です。

MySQLのデータファイルがディスク使用の原因の場合、行を「DELETE」してもディスク空き容量は増えません。

これはMySQLのデータファイルの利用方法による特性で、データを削除してもデータファイルは再編されず内部領域が再利用されます。「OPTIMIZE TABLE」を実行すると、データファイルが再編され、再利用待ちの内部領域がない状態になり、ディスク空き容量が増えます。

またmysqldumpコマンドでダンプしてリストアするとデータがきれいに入り直すので、再利用待ちの内部領域がない状態になります。

14-10-2◉メモリ使用率

メモリの使用率を監視し、メモリの空き容量が減ってきたことを検知します。前述のとおりLinuxサーバはメモリをバッファキャッシュ／ページキャッシュに積極的に利用するため、空き(free)ではなく利用可能(available)を見る必要があります。

メインメモリ＋SWAPの空き容量が不足すると、サーバはOOM Killer(OOM=Out Of Memory)を発動させて稼働中のプロセスを強制停止し、メモリ空き容量の確保を試みます。

OOM Killer発動後は、メモリ不足発生要因への対処が必要ですし、強制停止されたプロセスを確認／起動する必要があります。強制停止されたプロセスをすべて調べ上げ、ていねいに起動するよりは、サーバまるごと再起動したほうが安全／確実かもしれません。

14-10-3◉メジャーページフォルト

メジャーページフォルトの回数を監視することで、メモリ不足による性能低下が現実的に発生していることを検知します。メジャーページフォルトが多発している場合はメモリ空き容量の確保が必要です。

14-10-4◉サーバ時刻

特にレプリケーションを組んでいると、サーバの時刻が正確に同期されていること

は前提条件になります。同期設定をするのはもちろんですが、実際に時刻が合っていることを監視しましょう。

ntpdやchronydを利用してNTP（Network Time Protocol）で時刻を同期（時刻合わせ）します。

14-11 MySQLの監視とトラブルシューティング

ここでは、主なMySQLの監視項目は紹介します。

14-11-1●読み書き可否

監視というと死活監視で済ませるケースをよく見ますが、ネットワークレベルでの接続／応答可否を監視するのではなく、実際の動作に即した監視をするとよいでしょう。

まず接続可否を監視する場合は適切なユーザ／パスワードを指定し、認証まで実施する必要があります。適切なユーザ／パスワードできちんと認証を通さない接続が100回連続すると、MySQLの安全機構により接続元IPアドレス単位でロックアウトされます。100回のしきい値はmax_connect_errorsで変更できます。

もしロックアウトされた場合は「FLUSH HOSTS」で回復できます。接続した上でデータの読み書き可否まで確認するのが望ましいです。実際に監視用のテーブルにデータを書き込み、読み込みを行い、正常に動作できていることを確認します。

読み書きできない主な原因としては、ディスク空き容量がなくなる、レプリケーション構成変更に振り分け設定変更が追従できておらず書き込み不可になる、などが考えられます。

14-11-2●レプリケーション状態監視

レプリケーションができていること、想定外の大幅なレプリケーション遅延が発生していないことを監視します。

レプリケーションの状態は「SHOW SLAVE STATUS」のSlave_IO_Running、Slave_SQL_Runningで確認できます。Yesでない場合はLast_Error、Last_SQL_Errorなどを見て原因を確認し、スキップ／レプリケーション再構築などの対処を行います。

大幅なレプリケーション遅延を検知した場合も同様の対応を行います。何らかのエラーによりレプリケーションが停止している場合は、エラーを解決してレプリケー

現場で役立つMySQL実践テクニック **Part 2** 運用編

ションを再開します。

》 14-12 システムの測定

　測定はシステムにまつわるさまざまな計数を取得／収集して可視化します。健康診断のうち各種測定を継続的に実施しているイメージです。

　即時対応が必要な事項は監視システムに任せ、長期的、横断的な視点でシステムの動向を把握するために使用します。チューニングの時間（11時間目）に紹介した各種指標を継続的に取得／可視化します。

　システムの測定で利用する主なツールは以下のとおりです。

- OSS
  - Cacti (https://www.cacti.net/)
  - Prometheus (https://prometheus.io)
  - Sensu (https://sensu.io/)
  - Grafana, Graphite, Statsd (https://github.com/kamon-io/docker-grafana-graphite)
  - Metricbeat (https://github.com/elastic/beats/tree/master/metricbeat)
- SaaS
  - Mackerel (https://mackerel.io/ja/)
  - Datadog (https://www.datadoghq.com/)

確認テスト

Q1 MySQLのエラーログファイルをローテートするために利用するよう標準で設定ファイルの雛形が用意されているツールは何でしょうか。

Q2 MySQLでログファイルを切り替える方法は何でしょうか。

Q3 ディスク空き容量が減った時にMySQLでDELETEして行をたくさん消しても空き容量が増えないのはなぜでしょうか。

361

15時間目 MySQLの仲間たち、MySQLの周辺ツール／クラウドサービス

15時間目では、MySQLの仲間たちやMySQLの周辺ツール／クラウドサービスについて学習します。
MySQLが成長し、MySQLの派生RDBMSが登場しました。またMySQLの周辺ツールや、MySQLのシステム運用の大半を肩代わりしてくれるサービスが登場しました。MySQL本体だけでなく周辺事情も含め理解し活用することで、MySQLがもっと楽しくなるはずです。

今回のゴール

- MySQLの派生RDBMSを知る
- MySQLの定番周辺ツールを知る
- MySQLの定番クラウドサービスを知る

15-1 MySQLの仲間たち

15-1-1 ◉ MariaDB

　MariaDBは、MariaDB Foundation（図15.1）を中心に開発されているMySQLのフォークRDBMSです。MariaDBのサポートはMariaDB Corporation Ab（図15.2）が提供しています。

図15.1 MariaDB Foundation

- MariaDB.org - Supporting continuity and open collaboration
https://mariadb.org/

図15.2 MariaDB Corporation Ab

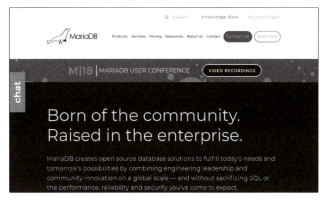

- MariaDB | Open Source Database (RDBMS) for the Enterprise
https://mariadb.com/

　MariaDBが開発されるきっかけは、その当時MySQLの開発を主導していたMySQL AbをSun Microsystemsが買収し、その後OracleがSun Microsystemsを買収したことです。その後徐々にシェアを伸ばしていき、ウィキペディアやGoogleなどで採用事例があります。
　2019年現在、Red Hat Enterprise Linux（RHEL）、CentOS、Fedora、openSUSE、

Debian GNU/Linux、Arch Linuxなど多くのディストリビューションが、パッケージの名称は「MySQL」で実際はMariaDBという形で採用しています（**表15.1**）。

表15.1 MariaDBのバージョン

MariaDBのバージョン	説明
5.5	MariaDB 5.3＋MySQL 5.5
10	MariaDB 5.5にMySQL 5.6をバックポート
10.1	MariaDB 10.0にMySQL5.6、5.7をバックポート
10.2	MariaDB 10.1にMySQL5.6、5.7をバックポート

　MariaDB 10.2のデフォルトストレージエンジンはInnoDBです。10.1まではXtraDB（InnoDBのパフォーマンス強化版のフォーク実装）でした。その他に書き込みが多いシステムでの性能が高いTokuDB、シャーディング対応ストレージエンジンのSpiderなどが選択可能です。

　またレプリケーションの特徴としては、マルチマスタ構成が可能なGalera Clusterが利用可能です。

15-1-2●Percona Server for MySQL

　Percona Server for MySQLは、Percona（15-2-1参照）が開発しているMySQLのフォークです。特にバージョン5.5までは性能面で優れており、SSDへの適応においてはMySQLより進んでいました。またXtraDBストレージエンジンが利用可能です。

　レプリケーションの特徴としては、マルチマスタ構成が可能なGalera Clusterが利用可能です。MariaDBとPercona Server for MySQLはお互いに良いところを取り入れあっている印象です。

15-2 定番のMySQL周辺ツール

15-2-1 ●Perconaとは

　MySQLを運用管理する上で外せないのがPerconaの存在です（図15.3）。PerconaはMySQL、MariaDB、PostgreSQL、MongoDBなどのサポートやコンサルティングを行っている会社で、MySQL互換のRDBMSであるPercona Server for MySQL（15-1-2参照）や、MySQL運用において非常に便利なツールをたくさん公開しています。

図15.3 Percona

- Percona – The Database Performance Experts
  https://www.percona.com/

　本項ではツール集のPercona Toolkitと、監視／モニタリングプラグインのPercona Monitoring Pluginsを紹介します。

15-2-2 ●Percona Toolkit

　Percona Toolkitは、MySQLの運用に便利なツール集です（図15.4）。MySQL用だけでなくMongoDB用のツールも含まれます。pt-query-digestなど、ツール名の最初にptがついていますが、これはPercona Toolkitの略です。

　Percona Toolkitを利用するには、Perconaのサイトからダウンロードしてインストールします。またCentOS 7ではRPMが配布されています。

15時間目 MySQLの仲間たち、MySQLの周辺ツール／クラウドサービス

図15.4 Percona Toolkit

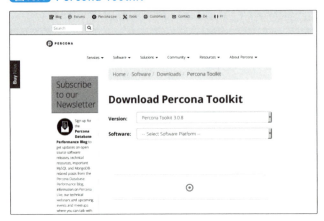

- Download Percona Toolkit
  https://www.percona.com/downloads/percona-toolkit/LATEST/

Percona Toolkitの主なツールと用途は**表15.2**のとおりです。

表15.2 Percona Toolkitの主なツール

ツール	説明
pt-archiver	MySQLの既存のテーブルにあるデータを取り出してファイルや別テーブルにアーカイブする（バックアップとは異なり、取得元でデータを削除する）
pt-config-diff	MySQLの設定ファイルと稼働中のサーバの設定の差や、稼働中のサーバ同士の設定の差を確認できる。2つを比較するだけでなく、3つ以上を同時に比較することができる
pt-diskstats	LinuxサーバのディスクIO統計情報を取得する（iostatより詳細）
pt-duplicate-key-checker	MySQLの重複している（無駄な）インデックスを検出する
pt-find	MySQLに対してfindコマンドのように条件を指定して検索し、見つかったものを処理できる 例：pt-find --tablesize +5G pt-find --engine MyISAM --exec "ALTER TABLE %D.%N ENGINE=InnoDB"
pt-fingerprint	mysqldumpslowのように、MySQLのクエリを正規化する。大文字小文字やスペース／改行を揃え、検索条件の指定値を変数にする
pt-heartbeat	MySQLのレプリケーション遅延を監視する（PostgreSQLにも対応している）

Part 2 現場で役立つMySQL実践テクニック **運用編**

pt-index-usage	スロークエリログや一般クエリログからインデックスを利用していないクエリを洗い出す
pt-ioprofile	Linuxサーバで指定したプロセスのディスクIO状況を取得する
pt-kill	MySQLで条件に合致したクエリをkill（強制停止）する
pt-online-schema-change	MySQLでロックせずスキーマを変更する。オンラインDDLでは対応できない列データ型変更も対応可能
pt-query-digest	MySQLのクエリを分析する。スロークエリログ、一般クエリログ、バイナリログ、PROCESSLIST、tcpdump結果を解析できる
pt-show-grants	MySQLの権限（SHOW GRANTS）を正規化して見やすく＝比較しやすく＝管理しやすくする
pt-sift	pt-stalkで作成したファイルを閲覧する
pt-slave-delay	MySQLのレプリケーションを遅延させる。レプリケーションラグの検証や、操作ミスのロールバック用のために利用されることがある。CHANGE MASTER …… MASTER_DELAY=Nと同じ
pt-slave-find	MySQLのレプリケーション構成を探索し出力する
pt-slave-restart	MySQLのレプリケーションスレーブを監視して、レプリケーションが止まったらスキップなどしてレプリケーションを再開する
pt-stalk	MySQLのフォレンジック情報を収集する
pt-summary	サーバのシステム情報をいい感じにまとめて表示する
pt-table-checksum	MySQLのデータ整合性を確認するためにチェックサムを付与する。binlog_format=STATEMENTでしか使えないので最近はあまり使わない
pt-table-sync	テーブルのデータを同期する。一方向だけでなく双方向に同期も可能。binlog_format=STATEMENTでしか使えない
pt-table-usage	MySQLのスロークエリログをもとに、各テーブルがどのように利用されているか表示する。SELECTで返却されるデータの取得元である、WHEREで利用されている、JOINされている、など
pt-upgrade	2つのサーバでクエリを実行し、結果を比較する。クエリはスロークエリログや一般クエリログ、tcpdump結果などから取り出す。MySQLをバージョンアップしても大丈夫か確認するために、テスト環境で利用する
pt-variable-advisor	MySQLの設定アドバイスを表示する
pt-visual-explain	MySQLのEXPLAIN結果をツリー表示する

　中でも特にpt-online-schema-changeは、トランザクションが多い24時間365日稼働の大規模システムでよく利用されています。
　pt-slave-restartやpt-killは、システムが芳しくない状況になった場合、根本解決するまでの暫定対応で活躍します。必要なときに迅速に使えるようになっておきま

367

しょう。

　pt-config-diffはシステム移行などで活躍しますので、必要になったときにその存在を思い出せるようにしておきましょう。

　それぞれのツールの詳細については、公式ドキュメントを確認してください。

- Percona Toolkit Documentation
  https://www.percona.com/doc/percona-toolkit/LATEST/index.html

15-2-3●Percona Monitoring Plugins

　Percona Monitoring Pluginsでは、監視用のNagiosプラグイン、モニタリング用のCactiテンプレート、Zabbixテンプレートが配布されています。以下のURLからダウンロードして利用します。

- Download Percona Monitoring Plugins percona-monitoring-plugins
  https://www.percona.com/downloads/percona-monitoring-plugins/LATEST/

　特にモニタリングのテンプレートが秀逸です。11時間目に紹介した各種ステータスの取得／閲覧が可能です。またMackerelのmackerel-plugin-mysqlの一部は、Percona Monitoring Pluginsを参考にして項目が選定されています。このツールの詳細については以下のURLを参照してください。

- Percona Monitoring Plugins Documentation
  https://www.percona.com/doc/percona-monitoring-plugins/LATEST/index.html

15-3　MySQLの管理ツール

15-3-1●MySQL Workbench

　MySQL Workbenchは、クライアントOS上で動作するGUIのMySQL管理ツールです（**図15.5**）。Windows、macOS、Linuxで動作します。

　ER図の作成、SQL実行など、データベース利用者としての操作だけでなく、MySQLの各種ステータスを確認する場合などのデータベース管理者としての操作も行うことができます。

すでに稼働中のデータベースをもとに、リバースエンジニアリングしてER図を作成することもできます。

図15.5 MySQL Workbench

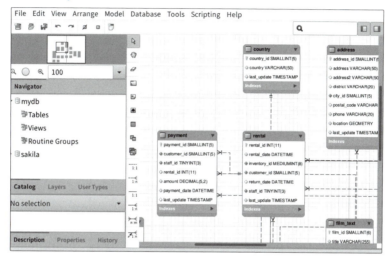

- MySQL :: MySQL Workbench
  https://www.mysql.com/jp/products/workbench/

15-3-2●phpMyAdmin

phpMyAdminはWeb GUIのMySQL管理ツールです。動作にPHPが必要で、システム内の管理サーバにインストールしてインターネット越しに利用することが多いです。Web GUIなのでクライアント側はブラウザだけあれば動作します。

MySQL Workbenchと同様にER図の作成、SQLの実行のようなデータベース利用者としての操作だけでなく、MySQLの各種ステータスの確認のようなデータベース管理者としての操作も行うことができます。

すでに稼働中のデータベースをもとにリバースエンジニアリングしてER図を作成することもできます。インターネットにサーバを公開するとphpMyAdminを狙った攻撃を受けることが非常に多いため、phpMyAdminはインターネットに公開しない、もしどうしても公開する場合は接続元制限などのセキュリティ対策を実施することが必要です。

- phpMyAdmin
  https://www.phpmyadmin.net/

15-4 バイナリログ転送方式レプリケーションのマスタ昇格ツール

15-4-1 ◉ MHA

　MHA（Master High Availability Manager and tools for MySQL）は、MySQLのレプリケーション構成を把握し、マスタがダウンした場合は、スレーブの中から次のマスタを選出し新マスタの下に他のスレーブをつけ直してくれるツールです。ダウンしたときだけでなく、手動でのマスタ切り替えも可能です。

　ダウン時やレプリケーション構成変更時におけるダウンタイムを非常に短縮してくれ、1分とかからず切り替え完了することが多いです。

　MHAはバイナリログファイル名／バイナリログポジションを利用する方式の場合によく利用しました。

　MHAはHAProxyやLVSと組み合わせてマスタ／スレーブに対する接続先変更や負荷分散を行います。またKeepalivedやPacemakerと組み合わせてMHA自身を高可用構成にします。なおMHAは2019年8月時点で、1年以上更新がない状況が続いています。

- Master High Availability Manager and tools for MySQL（MHA）
  https://github.com/yoshinorim/mha4mysql-manager/wiki

15-4-2 ◉ mysqlfailover

　mysqlfailoverは、MySQLを開発するOracle発のツールです。大雑把には「GTIDを利用したバイナリログ転送方式のレプリケーションの場合に利用するMHA」だと思っていただくとよいでしょう。

　MySQL Utilitiesに含まれていましたが、2019年現在はArchivedとなりました。

Part 2 現場で役立つMySQL実践テクニック 運用編

- MySQL :: Download MySQL Utilities (Archived Versions)
  https://downloads.mysql.com/archives/utilities/

- MySQL :: MySQL Documentation Archive
  https://dev.mysql.com/doc/index-archive.html

15-5 MySQL用ロードバランサ

15-5-1◉MySQL Router

MySQL Routerは、MySQLを開発しているOracleによるMySQL用Proxyです。MySQLのレプリケーション構成を把握し、マスタ／スレーブに対する接続先変更や負荷分散を行います。MySQL Routerはグループレプリケーションの場合に利用できます。

KeepalivedやPacemakerと組み合わせてMySQL Router自身を高可用構成にすることができますが、それよりは接続元サーバ（WebサーバやAPサーバなど）それぞれにMySQL Routerを起動するのがよいでしょう（10時間目のNote参照）。

過去にも似たようなMySQL Proxyというツールがありましたが、こちらはalpha版のまま開発終了となりました。

- MySQL :: MySQL Router 8.0
  https://dev.mysql.com/doc/mysql-router/8.0/en/

15-5-2◉MaxScale

MaxScale、MariaDBが開発しているMySQL用Proxyです。MySQLのレプリケーション構成を把握し、マスタ／スレーブに対する接続先変更や負荷分散を行います。MariaDB発らしく、Galera Clusterによるマルチマスタ構成にも対応しています。

同梱のMariaDB Monitorを利用すると、MHAのようなマスタダウン時のレプリケーション再構成や手動マスタ切り替えも実施可能です。

- MariaDB MaxScale - MariaDB Knowledge Base
  https://mariadb.com/kb/en/maxscale/

15-6 アカウント管理

15-6-1 ◉ Vault

　Vaultは、HashiCorpが開発する機密情報管理ツールです（**図15.6**）。MySQLのユーザ（システム管理者など）がMySQLにアクセスする際にVaultがProxyとして前面に立つことで、ユーザが直接MySQLのIDやパスワードを利用せずに、LDAPなどの認証情報をもとに認証を行うことができます。このときVaultがMySQLの認証／認可を調整します。

図15.6 Vault

- Vault by HashiCorp
  https://www.vaultproject.io/

15-7 設定のコード管理

15-7-1 ◉ Ansible

　AnsibleはOSSのプロビジョニングツールで、Red Hatが開発しています（**図15.7**）。YAML形式で指定した設定通りにサーバやミドルウェアを設定します。Infrastructure as Codeの文脈でよく利用されます。

MySQL関連も多くのモジュールがあります（**表15.3**）。本書ではすべてLinuxコマンドにより手作業で設定変更などを行いましたが、最近はAnsibleなどのプロビジョニングツールを利用することが増えました。

手作業で一通りのことができるようになったあとは、手作業にこだわらず積極的にプロビジョニングツールなどを活用しましょう。

表15.3 Ansibleの主なモジュール

モジュール名	説明
mysql_db	MySQLにデータベースを作成する
mysql_user	MySQLにユーザを作成して権限を設定する
mysql_variables	MySQLの設定を投入する
mysql_replication	MySQLのレプリケーションを構成する

図15.7 Ansible

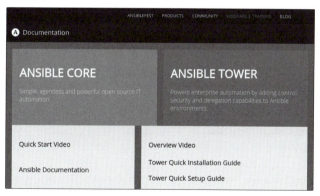

- Ansible Documentation
  https://docs.ansible.com/

15時間目 MySQLの仲間たち、MySQLの周辺ツール／クラウドサービス

15-8 クラウドサービス

15-8-1 ● Amazon RDS

AWS（Amazon Web Services）のAmazon RDS（Amazon Relational Database Service）というRDBMSのフルマネージドサービスです（図15.8）。2019年8月現在、MySQL 5.5、5.6、5.7、8.0をサポートしています。

図15.8 Amazon RDS

- Amazon RDS｜AWS
  https://aws.amazon.com/jp/rds/

冗長化も簡単に構成可能で、マスタ昇格／エンドポイント付け替えも自動で実施してくれます。

エンドポイントはDNSによる切り替えで、利用者は発行されたFQDNに対して接続し利用する形です。運用管理系では、定期的なSnapshot backupやPoint In Time Recoveryも簡単に実施できます。

RDMSとしては、MySQL、MariaDB、PostgreSQL、Oracle、Microsoft SQL ServerとAmazon Auroraが利用可能です。

15-8-2 ● Amazon Aurora

　Amazon Auroraは、AWSが開発している独自RDBMSです（図15.9）。MySQL互換のものだけでなく、PostgreSQL互換のものもあります。

図15.9 Amazon Aurora

- Amazon Aurora｜AWS
  https://aws.amazon.com/jp/rds/aurora/

　MySQL互換バージョンについては、通常のMySQLと比較して5倍のスループット、コスト効率は10倍を謳っています。こちらも定期的なSnapshot backupやPoint In Time RecoveryなどRDSとしての運用支援機能が利用できます。

15-8-3 ● Microsoft Azure：Azure Database for MySQL

　Azure Database for MySQLは、Microsoft AzureにおけるAmazon RDS対抗サービスです（図15.10）。おおよそAmazon RDSと同様の特徴を持ちます。2019年8月現在、MySQL 5.6、5.7、8.0（プレビュー）をサポートしています。

15時間目 MySQLの仲間たち、MySQLの周辺ツール／クラウドサービス

図15.10 Azure Database for MySQL

- Azure Database for MySQL｜Microsoft Azure
  https://azure.microsoft.com/ja-jp/services/mysql/

15-8-4 ● GCP：Google CloudSQL for MySQL

　Google CloudSQL for MySQLは、GCP（Google Cloud Platform）におけるAmazon RDS対抗サービスです（**図15.11**）。おおよそAmazon RDSと同様の特徴を持ちます。2019年8月現在、MySQL 5.6、5.7をサポートしています。

図15.11 Google CloudSQL for MySQL

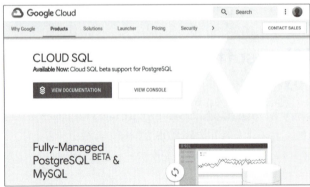

- Cloud SQL｜Google Cloud
  https://cloud.google.com/sql/

15-9 MySQLに関する情報源

15-9-1 ◉ 公式ドキュメント

MySQLの公式ドキュメントがたいへん重要な資料です。Google検索でいろいろと情報を探す前に、まずは公式ドキュメントに目を通しましょう。

- MySQL :: MySQL 8.0 Reference Manual
  https://dev.mysql.com/doc/refman/8.0/en/

なお2019年8月現在、日本語版はMySQL5.6までしかありません。5.7以降は日本語訳が出ていないため、MySQL 8.0を使う場合は英語版を読む必要があります。

バージョンの違いに振り回されないためにも、きちんと利用するバージョンのドキュメントを読むことが重要です。

15-9-2 ◉ 日本MySQLユーザ会

日本のMySQLファンやユーザが集まる日本MySQLユーザ会（通称MyNA）というものがあります。勉強会などを開催していますのでぜひ参加してみてください。

- 日本MySQLユーザ会
  http://www.mysql.gr.jp/

確認テスト

Q1. （2019年時点で）最近のLinuxディストリビューションの多くで「MySQL」を指定するとインストールされるMySQLの姉妹プロダクトは何でしょうか。

Q2 鉄板ユーティリティ pt-online-schema-change や pt-kill を作成／公開している企業はどこでしょうか。

Q3 Amazon AWS、Microsoft Azure、Google Cloud Platform、それぞれにおけるマネージドMySQLサービスの名称は何でしょうか。

付属DVD-ROM／収録ソフトウェアについて

本書の付属DVD-ROMは、以下のフォルダ構成になっています。

●centosフォルダ

本書を学習するために必要なサンプルファイルや、VagrantのBoxファイル、構成情報ファイルなどを収録しています。本フォルダをお使いのパソコンにコピーして使用します。

収録ファイルは以下のとおりです（アルファベット順）。

- centos7.box：本書学習用のVagrantのBoxファイル
- mackerel-agent-plugins-0.56.0-1.el7.centos.x86_64.rpm：11時間目で使用
- master.zip：12時間目で使用
- mysql-8.0.16-2.el7.x86_64.rpm-bundle.tar：MySQLのRPMパッケージ（tar形式）
- mysqltuner.pl：11時間目で使用
- term03.sql：3時間目で使用
- tpcc-mysql-master.zip：13時間目で使用
- Vagrantfile：本書学習用のVagrant構成情報ファイル
- world.sql.gz：4時間目で使用

●softwareフォルダ

本書を学習するために必要なソフトウェアのインストールファイルを収録しています。
収録ファイルは以下のとおりです（アルファベット順）。

- vagrant_2.2.5_x86_64.msi：Vagrantのインストールファイル
- VirtualBox-6.0.12-133076-Win.exe：VirtualBoxのインストールファイル

サポートページについて

本書に関する以下の情報は、サポートページで配布もしくは掲載しています。

・確認テストの解答PDF
・本書に関する修正／訂正／補足

サポートページのURLは以下のとおりです。

https://gihyo.jp/book/2019/978-4-297-10632-4/support

索引

記号／A～C

/etc/my.cnf	126
ACID特性	113
ALL	157
ALTER	157
ALTER DATABASE	75
ALTER TABLE	78
ALTER USER	144
Amazon Aurora	374
Amazon RDS	374
Ansible	372
avail Mem	42
Availability	48
Azure Database for MySQL	375
BIGINT	61
BLOB	62
BOOL	61
B-tree	307
CHAR	62
COMMAND	40
CPU hi	41
CPU id	41
CPU ni	41
CPU si	41
CPU st	41
CPU sy	41
CPU us	41
CPU wa	41
CREATE	80、157
CREATE DATABASE	74
CREATE INDEX	307
CREATE TABLE	76
CREATE USER	157
CRUD	63

D～N

DATE	61
DATETIME	62
DBA	52
DBMS	47

DCL	56
DDL	56
DECIMAL	61
DELETE	83、157
DML	55
DOUBLE	61
DROP	157
DROP DATABASE	75
DROP TABLE	79
dstatコマンド	325
exitコマンド	36
EXPLAIN	303
FLUSH PRIVILEGES	144
FOREIGN KEY	88
Google CloudSQL for MySQL	376
GTID	232
INDEX	157
InnoDB	123
InnoDBのステータスの確認	174
InnoDBバッファプール	274
INSERT	157
INT	61
Integrity	48
iostatコマンド	329
ISO	55
LOCK TABLES	157
Mackerel	279
mackerel-plugin-mysql	281
MariaDB	362
MaxScale	371
Mem buff/cache	41
Mem free	41
Mem total	41
Mem used	41
MHA	370
Multi Primaryモード	246
MySQL Community Server	31
MySQL Router	268、371
MySQL Workbench	368
mysqld	44
mysqldumpslowコマンド	295

INDEX

mysqldumpコマンド	185
mysqlfailover	370
mysqltuner	276
NULL	63

O～W

OSのログ	357
pcc_loadコマンド	342
Percona Monitoring Plugins	368
Percona Server for MySQL	364
Percona Toolkit	365
phpMyAdmin	369
PID	40
PROCESS	157
RDBMS	47
Redoログ	124
Reliability	48
RES	42
rootパスワード	144
RPMパッケージ	32
RSS	40
Security	48
SELECT	68、157
Serviceability	48
SET PERSIST	289
SET SESSION	140
SHOW DATABASES	157
SHOW ENGINE INNODB STATUS	174
SHOW FULL PROCESSLIST	169
SHOW GLOBAL VARIABLES	136
SHOW PROFILE	296
SHOW SLAVE STATUS	240
SHOW STATUS	168
SHOW TABLE STATUS	171
SHOW VARIABLES	129
Single Primaryモード	246
skip-grant-tables	144
slow_query_log	291
SQL	54
SSH	26
STAT	40

SUPER	157
Swap total	42
Swap used	42
systemctl disable mysqld	39
systemctl enable mysqld	39
systemctl list-unit-files	39
systemctl restart mysqld	39
systemctl start mysqld	39
systemctl status mysqld	39
systemctl stop mysqld	39
Tera Term	26
TEXT	62
TIME	62
TIMESTAMP	62
TPC-C	339
tpcc_startコマンド	343
tpcc-mysql	341
UPDATE	81、157
USER	40
utf8mb4_0900_ai_ci	150
utf8mb4_bin	153
utf8mb4_ja_0900_as_cs	152
Vagrant	20
Vagrantfile	24
VARCHAR	62
Vault	372
VIRT	42
VirtualBox	14
VSZ	40
WAL	349
Windows	20

あ行～さ行

アクセス権限管理	156
アクセス速度	272
暗黙のコミット	121
一貫性	113
一般クエリログ	349、356
インデックス	290、307
エラーログ	349、351
オフラインバックアップ	181

索引

オンラインバックアップ 181
回避 332
外部キー制約 88
外部結合 94
共有ロック 114
クエリチューニング 290
クエリプロファイリング 296
クエリ最適化 309
グループレプリケーション 246
原子性 113
公式ドキュメント 377
コマンドプロンプト 26
サーバ時刻 359
シーケンシャルアクセス 124
システムステータス 168
システムの監視 358
システムの測定 361
持続性 113
自動コミット 121
終了記号 57
集計 98
集約 102
集約関数 98
照合 148
スケールアウト 332
スケールアップ 332
ストレージエンジン 122
スロークエリログ .... 291、349、355
正規化 86
正規形 89
セキュリティ 155
接続状況 169
設定ファイル 128
増分バックアップ 184

た行〜ら行

チューニング .... 270、332
ディスクI/O速度 334
ディスク使用率 358
データベース 50
データベースサーバ 43

データベース管理者 52
データ型 61
データ制御言語 56
データ操作言語 55
データ定義言語 56
テーブル 50
テーブルステータス 171
テーブルロック 112
デフォルトCHARACTER SET 148
同時実行制御 112
トランザクション 116
トランザクション分離レベル 119
内部結合 89
並び替え条件 70
日本MySQLユーザ会 377
ネットワーク帯域 338
排他ロック 114
バイナリログ .... 349、354
バイナリログ転送方式 215
バックアップ 180
パラメータチューニング 270
物理バックアップ 183
フルバックアップ 184
フルバックアップデータ 236
分離性 113
メジャーページフォルト 359
メモリ使用率 359
文字化け対策 147
読み書き可否 360
読み書き最適化 273
リレーログ 355
レプリケーション 210
レプリケーションエラー 240
レプリケーション状態監視 360
ローテート 349
ロール 162
ロールフォワードリカバリ .... 125、195
ログ 348
論理バックアップ 183

著者略歴

馬場 俊彰（ばば としあき）

㈱ハートビーツ技術統括責任者。静岡県の清水出身。電気通信大学の学生時代に運用管理からIT業界入り。MSPベンチャーの立ち上げを手伝ったあと、中堅SIerにて大手カード会社のWebサイトを開発／運用するJavaプログラマを経て現職。在職中に産業技術大学院大学に入学し、無事修了。現在、インフラエンジニア／技術統括責任者として運用現場のソフトウェアエンジニアリング推進に従事。

◆**装丁**
小川 純（オガワデザイン）
◆**本文デザイン**
技術評論社 制作業務部
◆**本文・DTP**
スタジオ・キャロット
◆**編集**
春原正彦

◆**サポートホームページ**
https://gihyo.jp/book/2019/978-4-297-10632-4/support

確認テストの解答、本書に関する修正／訂正／補足に
ついては、当該URLで行います。

15時間でわかる MySQL 集中講座

2019年10月17日　初版　第1刷発行

著　者	株式会社ハートビーツ　馬場 俊彰
発行者	片岡 巌
発行所	株式会社技術評論社
	東京都新宿区市谷左内町 21-13
	電話　03-3513-6150　販売促進部
	03-3513-6160　書籍編集部
製本／印刷	図書印刷株式会社

定価はカバーに印刷してあります。

造本には細心の注意を払っておりますが、万一、乱丁（ページの乱れ）や落丁
（ページの抜け）がございましたら、小社販売促進部までお送りください。送
料小社負担にてお取り替えいたします。

本書の一部または全部を著作権法の定める範囲を超え、無断で
複写、複製、転載、あるいはファイルに落とすことを禁じます。

© 2019　株式会社ハートビーツ

ISBN978-4-297-10632-4　C3055
Printed in Japan

本書の内容に関するご質問は、下記の宛先まで
FAXまたは書面にてお送りください。お電話による
ご質問、および本書に記載されている内容以外の
ご質問には、一切お答えできません。あらかじめご
了承ください。
万一、添付 DVD-ROM に破損などが発生した場合
には、その添付 DVD-ROM を下記までお送りくだ
さい。トラブルを確認した上で、新しいものと交換
させていただきます。

〒162-0846
東京都新宿区市谷左内町 21-13
株式会社技術評論社
『15 時間でわかる MySQL 集中講座』質問係
FAX：03-3513-6167

なお、ご質問の際に記載いただいた個人情報は質
問の返答以外の目的には使用いたしません。また、
質問の返答後は速やかに破棄させていただきます。